動物問題と社会福祉政策

多頭飼育問題を深く考える

打越綾子
Ayako Uchikoshi

ナカニシヤ出版

はじめに

犬や猫などのペットの多頭飼育問題が、全国各地で悩ましい課題になっています。メディアで報道される「崩壊」と言われる事例から、そこまでいかなくても近隣で騒音や悪臭に悩まされているという事例もあると思います。飼育されているペットの健康・衛生状態も芳しくなく、動物を愛する人々の憤りや悲しみも耳に入ってきます。自治体の担当者も、当事者とのコミュニケーションが上手くいかず、板挟みで苦労することが多い状況です。

近年、多頭飼育問題を起こしてしまう飼い主は、社会的孤立や家族の喪失、経済的困窮や認知症等の課題を抱えていることも多いと分かってきました。従って、問題解決のためには、社会福祉政策と動物愛護管理政策の連携、官民を超えた多機関・多職種連携を模索しなければなりません。こうした観点から、国レベルで「社会福祉施策と連携した多頭飼育対策に関する検討会」が設置され、二〇二一年三月に「人、動物、地域に向き合う多頭飼育対策ガイドライン」が策定されました。

とはいえ、動物愛護管理政策と社会福祉政策の連携というのは、言うは易く行うは難しです。それぞれ関係者が大切にしている価値観や活動方針も、関係者が有する専門資格の内容も、もちろん法制度も異なります。その仕切りを超えて連携するためには、互いの政策分野に関する基礎的な情報を共有する必要があります。まさに「人、動物、地域に向き合う」共通認識の構築が必要なのです。

本書は、上記のような趣旨で多頭飼育問題に関する共通認識を構築すべく、成城大学で全六回のオンライン社会人講座を行った内容を文章としてまとめた記録です。

講座では、第Ⅰ部（第一回）で、動物愛護管理法や多頭飼育問題の概要を説明しました。第Ⅱ部（第一回の後半、第二回、第三回、第四回）では、社会福祉政策について詳細に踏み込んで説明しました。そして、社会福祉に関わる制度や課題を学んだところで、第Ⅲ部（第五回、第六回）において、多頭飼育問題を予防・解決するために環境省・厚生労働省・全国の自治体関係者とともに多機関・多職種連携の必要性について議論していった経緯をまとめました。

従って、本書には、公共政策の研究としての役割もあると思います。第Ⅰ部では、行政活動を枠づける法制度の意義とその限界などを描きます。社会問題と法制度の関係を考察した内容です。第Ⅱ部では、個別具体的な政策内容と現場運用の難しさを描きます。社会福祉政策の内容を詳細に紹介し、現場での運用、政策執行の様子を考察します。そして、第Ⅲ部は、政策立案過程の研究です。一つの政策を形にするために、どのようなプロセスの積み重ねがあったのかを描いています。

こうしたことから、本書の読者として想定しているのは、以下の四種類の方々です。

第一に、動物愛護管理政策に関わる行政関係者、保護活動のボランティアなど、ペットの多頭飼育問題に長らく頭を悩ませてきた方々、現場で尽力してくださっている方々です。環境省が作成した多頭飼育対策ガイドラインについて、動物政策の研究者としての個人的な見解を加えながら解説しています。そして、連携すべき相手としての社会福祉関係者の日々の活動について説明しています。

第二に、社会福祉関係者の方々に、動物愛護管理行政の基本的な事項と、ペットの多頭飼育問題についてご理解いただきたいと思って書いています。これまで人の福祉の問題に向き合ってきた方々にとって、ペットをめぐる課題とは必ずしも優先事項ではなかったと思うのです。とはいえ昨今、愛犬・愛猫と飼い主の関係を解きほぐさないと対応できない案件も増えつつあると聞きますし、動物問題と社会福祉政策の関係を一緒に考えていただけたらと思います。なお、若手の福祉関係者にとっては、福祉政策の全体像を学べる内容かも知れません。

第三の読者として、一般市民の方々を想定しています。周辺にペットの多頭飼育問題があるとか、家族の介護の問題があるとか、本書の内容が実際に身の回りの生活上の課題になっている方々です。関係する制度や政策を把握しておくことで、行政機関への相談もしやすくなると思います。例えば、介護保険制度の利用方法など、誰であっても理解しておいて損はありません。

そして第四に、行政学・公共政策の研究者にとっても、一つの事例研究としてお役に立てたらと思っています。特に第Ⅲ部は、様々な議事録を引用するだけでなく、個人的に関わった政策立案の源流と言える場面も描いています。行政学・公共政策論の研究者にとっては定番のプロセスですが、国と地方自治体での情報共有の流れなど、一つの事例研究として認めていただけたら嬉しいです。

本論に入る前に、本書における犬や猫の呼び方について説明しておきます。

現代日本において、犬や猫などの愛玩動物は人間の心を支える家族の位置づけにもなっています。そのため、家庭動物・伴侶動物と呼ばれることも増えてきました。ただし、本書では、家庭で飼育されている動物を、「ペット」あるいは「犬や猫」と呼びたいと思います。生存権の保障という基本的人権、つまり人間の福祉政策を説明する場面において、動物の呼称にこだわりすぎると分かりにくくなること、また、多頭飼育という不適正な飼育状態にある動物を、その飼い主の家庭動物、伴侶動物と呼ぶのも微妙です。動物を愛する人からは不評な表現とはいえ、敢えて大くくりに「ペット」「犬や猫」として表記したいと思います。玩具的な「ペット」という表現がはばかられるときは、「犬や猫」と書きますが、この場合も、ウサギやハムスター、その他の小動物も含んだ意味として用いています。

それでは、多頭飼育問題を深く考えるために、動物問題と社会福祉政策について一歩踏み込んで考えていきましょう。

動物問題と社会福祉政策——多頭飼育問題を深く考える＊目次

第Ⅰ部　多頭飼育問題

1　多頭飼育問題の概要

（1）三つの要素（周辺環境＋飼い主＋動物の状態）の複合問題

多頭飼育問題とは、多数の犬や猫を飼育しているなかで、適切な給餌給水・衛生管理ができておらず、①悪臭や害虫など近隣の生活環境に好ましくない問題が発生しており、②飼い主の生活を見ても社会的孤立や経済的困窮、セルフネグレクトや時には精神疾患などの課題があり、③飼育されている犬や猫も皮膚炎や感染症・栄養不足等で健康状態が芳しくない状態、を意味しています。三つの要素が全て揃わなくても、どれか一つでも当てはまれば、ペットの多頭飼育に起因する問題状況と考えます。

もちろん、犬や猫などの動物を多数飼育していたとしても、その習性・年齢・体調・個性などに応じて、適切な給餌・給水、糞尿の片付けや衛生管理ができているならば、そして必要な場合に動物病院に掛かり、近隣とも良好なコミュニケーションがあるならば問題はありません。飼い主側の経済的・肉体的負担は小さくはないですが、飼い主も犬や猫も決して不幸ではないでしょう。といっても、ブリーダーであれ一般家庭であれ、一人あたりが世話できる動物の数には限界があると思われ、それを超えれば上記のような問題が発生し始めるはずです。

ところで、メディアやインターネットでは「多頭飼育崩壊」という表現がよく使われます。例えば、数十頭を超える犬猫が残されたまま飼い主が急に死亡あるいは入院するとか、筆舌に尽くしがたいほど室内が不衛生であるとか、時には動物の死体が放置されているなど、まさに「崩壊」の文字が当てはまる事案も散見されます。

このような場合は、緊急対応も含めて、動物虐待罪としての対応が求められることもあります。とはいえ、動物を守るためにこそ、長期間にわたるネグレクト飼育や、死体が発生する前の対応が必要なはずです。つまり、多頭飼育崩壊が起きてから事件として批判するよりも、そうした状態に至る前から真剣にとらえる必要があります。様々な対応や説得によって改善を促すべき飼育状況であるならば、それは対処すべき多頭飼育問題なのです。

（2）注目される論点の変化

ところで、動物の多頭飼育問題は決して新しい問題ではありません。鳴き声や悪臭に対する近隣住民からのクレームや、ネグレクト状態での飼育だという愛護団体からの批判を受けて、自治体の担当者が悩むケースはもともと存在していました。しかし、多頭飼育問題に関する調査などはなく、全体像がよく分かっていなかったのです。そのため、関係者のとらえ方、メディアの描き方で、特異なイメージが作られてきた側面があります。

もともとは、近隣迷惑・動物虐待としての多頭飼育問題として考えられてきました。例えば、自宅の庭で多数の動物に餌やりをして近隣迷惑になっているとか、逆に集落から外れた場所でいつの間にか数が増えて中には白骨死体もあるようだ……という描かれ方です。また、ブリーダー等が売れ残った犬猫を適切に飼養できずに、時には数百頭に及ぶ多頭飼育崩壊を起こす事例も散見されました。そして、犬や猫の保護団体が、捨て犬・捨て猫を引き受けすぎて崩壊する事案も各地で見られました。いずれの場合も、公衆衛生や動物愛護の観点から問題視されるわけですが、特定の奇異な人物による行為として認知され、地域社会における公共的な課題として注目されなかったのです。

しかし、ここ数年ほどは「多頭飼育は実はあちこちで散見される」という描かれ方になり、地域社会の課題としての多頭飼育問題という認識が増え始めました。様々な経緯で犬や猫を保護した一般市民が、繁殖制限せずに数が増えてしまった事案が各地で発生するようになってきたのです。その場合に共通して見られるのは、動物を愛好しつつも、適正に飼う経済力・判断力・体力が不足した飼い主による事案ということです。いつの間にか増えてしまった動物と、本人の不衛生・困窮した暮らしとがセットになっており、状況を改善しようと説得・交渉を試みるものの本人は意固地になっている、しかし当の本人の健康状態も心配な状況にあるという事案です。

こうした地域の課題としての多頭飼育問題の背景には、ストレス社会・高齢化・社会的孤立・貧困等の福祉政策の中核的な要因が存在しています。しかし、動物愛護管理行政と福祉行政との連携を本格的に考える体制整備はなかなか進みませんでした。動物に関わる専門家の中には、飼い主の精神疾患への対応が必要であると主張する人々もいましたが、彼ら・彼女らも、地域社会や福祉政策への理解は不足しており、動物を救うことが目的で福祉関係者に手伝ってもらいたいという考え方が多かったように思います。かつては、私もそうした一人でした。また、福祉関係者も、当事者宅に動物がいるという時点で、全て保健所に任せるような姿勢になりがちでした。現場の担当者同士で非公式に情報共有や対応を一緒に考えても、その場限りで連携関係が終わっていたのです。

（3）多頭飼育事案の分類

ところで、これまで説明してきたとおり、多頭飼育問題にもいろいろなパターンがあります。例えば、精神科医の横山章光氏は、多頭飼育問題と成人期アスペルガー症候群や自閉症スペクトラムとの関連を考察し、さらにアメリカでの医療関係者などによる研究を踏まえて、崩壊型、保護型、搾取型の三つに分類しています（横山章光「人間動物関係学から見た「多頭飼育」問題」『人と動物の関係学会誌』三〇号、二〇一一年、毎日新聞くらしナビ二〇〇九年一二月一五日記事を参照）。

また、アメリカの動物保護施設での活動経験がある獣医師の田中亜紀氏は、当事者の言動や周囲との関係について考察し、世話がいっぱいいっぱい型、搾取型、レスキュー型、ブリーダー型、初期型と分類しています（田中亜紀「多頭飼育崩壊と獣医師の役割」“info vets” No. 198、二〇一九年を参照）。

分類のネーミングは異なりますが、いずれも多頭飼育者の特徴をよく掴んでおり、意識しているイメージはほぼ同様であると思います。とはいえ、精神医療による社会問題の解決や、獣医師の知見による法制度の運用が根付いていない日本においては、問題となる当事者のプロファイルを分析しても、その先の対応策になかなか結びつきませんでした。だからこそ、具体的に法律上の手続きや、保健師や生活保護のケースワーカーによる対応策を意識した分類を考える必要があります。

（4）法制度に基づく分類

そこで本書では、法制度上の位置づけによって多頭飼育問題を分類してみたいと思います。

まず、犬や猫の繁殖業者等（繁殖・販売・展示など、動物の利用を生業として継続的に行う第一種動物取扱業者）による多頭飼育問題があります。問題発生の背景には、もともと過剰な数の犬猫を飼育している施設もあり、そこに国民の意識の向上や法改正による業者規制の強化により、健康な子犬・子猫でないとペットの流通過程に出しにくくなってきた市場淘汰の傾向が重なりました。結果として、劣悪なブリーディング施設に滞留させられる犬や猫が発生していると考えられます。劣悪な施設の営業が長く続けば、犠牲となる動物も増えます。だから、動物を取り扱うプロフェッショナルに対しては、適正飼養に関する数値基準等による明示的な監視・指導が必要で、それにより良好な業者だけが生き残るようにしていくべきです。また、ペットを購入する消費者が、犬猫の繁殖環境について関心を持つような普及啓発が必要です。

次に、大規模な民間保護シェルター等（動物の保護や譲渡活動など、営利ではない目的で動物を扱う第二種動物取扱業者）による多頭飼育問題があります。保護シェルターを運営する当事者には、動物に対する保護感情があり、保健所での殺処分を回避したいという強い使命感があります。だからこそ一生懸命保護活動を続けるわけですが、意地や見栄が出てくると身の丈以上の動物を保護してしまうことになります。資金や人員が枯渇していけば、善意で始めた活動がネグレクト飼育にも転化してしまいます。次第に活動仲間、ボランティア同士の意見の衝突やトラブルが発生し、内部告発等によって問題が露呈するようになります。

こうした問題を生み出さないためには、それぞれの地域で、動物をめぐる官民の役割分担による抑止的な対応が必要です。譲渡活動をどこまで行政と民間で役割分担するのか議論し、そして動物への想いを形にする活動とは保護活動だけではないと視野を広げてもらうようにしなければなりません。そして、行政での殺処分の不可避性や、安楽死といったセンシティブな課題への議論が必要です。保健所を経由する犬猫たち全ての命は救えないであろう現実、また攻撃性のある動物を譲り渡した場合の新たな飼い主宅での重篤な咬傷事故のリスク、さらには譲渡適性の判断基準や安楽死の手法ついて互いに認識を深めていく必要があります。

この第一と第二のパターンは、動物取扱業者という定義上、動物を多数飼育しているのは当然の前提となります。従って、「劣悪飼育」という表現を用いた方が事案を適切に表現していると言えましょう。むしろ、図らずも「多頭」になり、そして「多頭」であることが問題になるのが、一般的な飼い主や小規模な保護活動家が、適正飼養できずに多頭飼育化する第三のパターン、本書が念頭に置いているパターンです。第二種動物取扱業者と同様に、発生の背景には、動物に対する保護感情があります。屋内飼養の推進が進められるなか、餌をやっていた野良猫などを家の中に保護する人も出てきました。しかし、複数頭の動物を適切に飼育するための判断能力や経済力が欠落していると、自分から保護動物を次々と請け負うのでなくても、不妊去勢手術ができないまま数が増えて、不適正飼養と周囲の迷惑に転化するわけです。そして、近隣社会での孤立や人間関係のトラブルによって相談相手がいないまま事態が推移し、気が付けば手に負えない数になっている状況です。これは、飼い主自身に対する社会福祉の観点からも、もちろん動物愛護の観点からも、そして公衆衛生の観点からも放置できない状況です。

この第三のパターンの予防策・解決策としては、飼い主の生活改善をも意識して、多機関・多職種の連携による対応が必要です。動物愛護管理行政による対応だけでなく、福祉関係者との連携が必要であり、既にどの地域にも発生している地域社会の一課題と認知する必要があるのです。

飼育頭数の多さから、一番目と二番目のパターンが耳目を集めがちです。一度崩壊すると数百頭の大規模な崩壊事案になることが多いわけです。ただし、事例数としては決して多くはありません。むしろ超高齢社会・孤立社会と言われるなか、今後は第三のケースが増えていくリスクがあります。本書では、この三つ目のパターンを前提に、一般の飼育者が多頭飼育化してしまう問題の背景とその予防を考えたいと思います。

(5) 多頭のバリエーション

ところで、一般市民による多頭飼育問題においては、どのくらいの頭数で問題になるのかというのも実は簡単には定められないところがあります。第一種動物取扱業者、つまり繁殖・ブリーダーの場合は、数も多く、数十頭から数百頭に及ぶ場合もあり、第二種動物取扱業者、民間人でも保護施設を持っている場合は、同様に数十頭を超える場合もあります。しかし、一般市民による多頭飼育問題の場合は、そこまでの数にはならないことが多いです。他方で、飼う側の立場や生活環境も様々で、多頭飼育といってもバリエーションがあります。

例えば、一世帯あたりの飼育頭数は同じでも、大型犬か小型犬か、動物の大きさが違えば状況は大きく異なります。また、飼い主一人あたりの飼育頭数、例えば「高齢者一人暮らしで、猫が一〇頭いる」というのと、「三世帯七人家族で、犬三頭と猫七頭を飼育している」というのでは印象が異なります。さらには、居住スペースあたりの飼育頭数によっても印象は異なってきます。そして、動物の増加ペースは、不妊去勢手術の有無や、保護や譲り受けの数によるのですが、例えば「昨年まで二頭だったのが、今は七頭の猫がいる」というのと、「昨年まで一〇頭だったが、今は七頭の猫がいる」というのでは緊張感が全く異なります。こうなると数の問題だけでなく、動物の世話の状況が判断の基準になってきます。糞尿の片付けができておらず、病気や炎症のある犬猫がいて、そのケアが不十分で、さらに不妊去勢手術もしていない場合は、たとえ数頭のみであっても多頭飼育の予備軍として指導や支援を一刻も早く始めた方が良いと言えましょう。

2　動物愛護管理法と多頭飼育問題

ここまで説明してきたように、犬や猫の多頭飼育問題は、ケースバイケースで対応すべき難しい課題です。とはいえ、動物がいることで問題が顕在化しているのは間違いありません。つまり多頭飼育問題は、まずは「動物に関わる問題」であり、こうした課題について規定しているのが「動物の愛護及び管理に関する法律（動物愛護管理法）」なのです。そこで、この法律と多頭飼育問題についても照合して理解しておく必要があります。

（1）動物愛護管理法の成り立ち

もともと戦後からバブル経済の右肩上がりの時代には、日本人の「飼い主としての未熟さ」が散見されてきました。猫は、外飼いや出入り自由飼い、犬は、番犬としてつなぎ飼いの時代です。不妊去勢手術についても議論がなく、庭先で猫が子猫を産むのを適宜餌やりする程度、必要のない子猫が産まれたら飼養放棄し、保健所に持ち込むことが許容される時代でした。犬についても適正飼養ができず、散歩時の糞尿や吠え声等で近隣トラブルが発生することもしばしばで、そもそも野良犬が捕獲されて大量に殺処分される時代でした。

そして、バブル期になると、テレビのＣＭやドラマの影響による空前のペットブームが訪れます。動物の飼育方法に関する十分な理解がないまま流行の犬種や猫種が飼育され、それを狙って命の大量生産をする低質な動物取扱業者の存在も問題になりました。近親交配をしたり、不衛生で劣悪な施設で繁殖させ、遺伝性疾患の広がりや感染症対策の不備によるペット購入者と業者の間の消費者トラブル・訴訟の拡大も見られました。そして、売れ残りの犬猫が保健所に押しつけられる事態になったのです。一九七三年に動物保護管理法という法律ができてはいましたが、たった一三条の理念法にとどまっており、結果として、犬や猫の野外への安易な遺棄、保健所での大量の殺処分、近隣トラブルが、今では考えられないほど安易に発生していました。

こうした状況を何とか改善すべく、関係者の努力によって作られたのが、一九九九年に制定された動物の愛護及び管理に関する法律（動物愛護管理法）です。この法律が制定されて以降、動物の愛護と管理の両面が重視され、飼い主の責務、適正な飼養への普及啓発などが、繰り返し言及されるようになっていきます。そして、数年ごとに（二〇〇五年、二〇一二年、二〇一九年）法改正を重ね、動物取扱業者への監視指導、殺処分ではなく譲渡促進、動物虐待の罰則なども拡充されてきました。また、獣医学や動物行動学の見地からの、適切な動物飼養についての発信が拡大し、各種の予防接種や不妊去勢手術、病気の治療、フードの改善、しつけ教室などペットと飼い主のための働きかけが広がってきました。

こうして、社会全体の中でのペットの立場が向上するなかで、逆に、劣悪な環境で過密に飼育されている動物が問題になり、動物愛護管理法も、それに応じて様々な条文が加わってきたのです。以下では、動物愛護管理法のうち、多頭飼育問題に関係する条文をピックアップして見ていきましょう。

（2）飼い主の適正飼養

動物愛護管理法の基本原則として、第二条の第二項に「何人も、動物を取り扱う場合には、その飼養又は保管の目的の達成に支障を及ぼさない範囲で、適切な給餌及び給水、必要な健康の管理並びにその動物の種類、習性等を考慮した飼養又は保管を行うための環境の確保を行わなければならない」とあります。また、飼い主の責務として、第七条には適正飼養管理、感染症予防、逸走防止、不妊去勢手術、終生飼養等の定めがあります。

こうした普及啓発によって、犬や猫の飼い方は、つなぎ飼いの犬、放し飼いの猫の時代から大きく変化してきました。動物を大切に飼っている人から見れば当たり前に思えることであっても、それを法律や政府の文書に明記してあることはとても大切なのです。全体としての概ねの方向性がないと、地域での指導対応も根拠を失ってしまいます。もちろん、一部には自己流の飼育方法を主張する人々がいるものの、この条文のおかげで適正飼養の概念が定着してきたことは確かです。昔ながらの人間関係がある農村地域の集落に住んでいても、不妊去勢手術の必要性を理解している高齢者世帯も多いです。

とはいえ、一般の飼い主の飼育方法への強力な法規制はできません。経済力や判断力の不十分な飼い主に対しても、飼育方法を強制できません。理念や努力義務を定めた条文は、「それが望ましい」という以上の実行力を持てないのです。だからこそ、もっと厳しい飼い主の義務を定めるべきと言う人もいるかもしれませんが、法律で罰則付きの義務を作るのは、国家権力の最大級の発揮であり、慎重であるべきです。というのは、動物愛護管理法だけ厳しい規制という話ではすまず、多分野でも、例えばゴミ捨てや子育ての方法など個々の家庭に任せるべき案件について国家権力による強制力が広がるリスクがあるからです。もちろん動物の飼育方法について、あまりに酷い場合には、あとで説明するように動物愛護管理法でも罰則がありますが、法律でおしなべて強力な規制を増やすよりも、まずは普及啓発に務めるのが大切なのです。だからこそ、この第二条や第七条は大切な条文で、感染症対策や不妊去勢手術の必要性などを、社会全体に主張できる根拠になっています。それは、問題を起こしている飼い主や当事者への説明や説得だけでなく、飼い主の親戚や地域の自治会長への説明ができるという意味でも重要です。また、無秩序な餌やりや出入り自由な放し飼いは好ましくないことを各方面に説明し、関係者に連携対応してもらう際の根拠になるのです。

（3）自治体行政による把握・措置

多頭飼育者に対しては、自治体ごとに、一定頭数以上を飼育している場合は届出をすることを義務づける条例を作ることも認められています。動物愛護管理法第九条には「地方公共団体は、動物の健康及び安全を保持するとともに、動物が人に迷惑を及ぼすことのないようにするため、条例で定めるところにより、動物の飼養及び保管について動物の所有者又は占有者に対する指導をすること、多数の動物の飼養及び保管に係る届出をさせることその他の必要な措置を講ずることができる」とあります。

ただし、多頭飼育の届出条例を作るだけでは、多頭飼育の抑止策にも解決策にもならないことが多いです。そもそも不適正な飼養者は、条例の存在にさえ気が付かないし、届出もしないからです。また、届出をさせたところで、問題となりうる飼育方法を禁止できるわけでもありません。

とはいえ、条例を制定すれば多頭飼育は行政が把握すべき課題・届出すべき状況であると広く根拠づけられます。それぞれの地域の独自条例は、首長及び地方議会が趣旨を理解・賛同していなければ作れません。そして、地域の独自条例があれば、地域社会の住民全体にルールを明確に提示できるわけですし、多職種・多機関連携をする際に、他の政策分野の行政職員に「多頭飼育は公共的な問題である」と説明しやすくなります。つまり、自治体の条例は、条例による規制の効果よりも、条例を制定できる土壌があることと、それによる正当性の確保という点で重要なのです。

（4）周辺の生活環境の保全

騒音・悪臭の発生やネグレクト飼育に対しては、行政による指導助言・勧告・命令・立ち入りについての規定があります。動物愛護管理法第二五条には「都道府県知事は、動物の飼養、保管又は給餌若しくは給水に起因した騒音又は悪臭の発生、動物の毛の飛散、多数の昆虫の発生等によって周辺の生活環境が損なわれている事態として環境省令で定める事態が生じていると認めるときは、当該事態を生じさせている者に対し、必要な指導又は助言をすることができる」とあり、さらには必要な措置を執るべきことを勧告、命令できるとしています。第四項には、周辺への迷惑とは関係なく、「動物の飼養又は保管が適正でないことに起因して動物が衰弱する等の虐待を受けるおそれがある事態として環境省令で定める事態が生じていると認めるときは」勧告や命令ができるとしており、そのために行政職員が、その場所に立ち入り、飼養施設その他の物件を検査することができるとも規定されています。

ただし、確かに指導や勧告、命令や立ち入り検査をする権限があると法律上規定されていますが、自治体の動物愛護管理部局には、地域をこまめに回る人員も予算も足りないのが実情です。行政職員ならば地域の中を見守るのは当然だと思っている人がいるかもしれませんが、行政の支所を回るのとはレベルが違います。何丁目何番地のレベルで問題のある世帯のところに行くのには、どれだけ時間が掛かることでしょうか。自分が特定の住所を頼りに誰かの自宅に行くことを考えてください。つまり、半日がかりの作業に職員二人（トラブル抑止のために二人組で出向くのが基本）の労力を使うことになります。また、多頭飼育をしている当事者とのコミュニケーションには時間も掛かり、ちょっとやそっとの指導では徒労に終わることも多いです。そもそも、地域で暮らす一住民、つまり有権者に、勧告や命令を出すことには、自治体の上層部は二の足を踏むので、おいそれとは手続きを進められません。そして、たとえ全ての条件が整って不適正飼養の飼い主に命令を出し、命令違反の罰金を科したら、事態が改善するかといえば、その先のことは分かりません。そもそも立ち入り検査といっても、物理的にドアをこじ開けて中に入る権限はありません。つまり、留守・居留守・物理的バリケードには太刀打ちできないのです。つまり、この当事者とのコミュニケーションの難しさこそが多頭飼育対策の最大の課題であり、ここを根本的に考えないと、権限だけ法律で明記しても言葉だけの伝家の宝刀になってしまうのです。

だからこそ、当事者に向き合う際に、飼い主の生活改善という切り口から福祉関係者との連携を考えざるを得ないのですが、こうした飼い主へのケアやサポートは、動物愛護管理法の扱う範囲ではありません。

（5）関係機関の連携、官民連携

ペットの適正飼養、そして多頭飼育問題の予防に向けた様々な関係機関の連携や、行政と民間の連携についても、動物愛護管理法は触れています。

まず、行政側の体制として、第三七条の三では、動物愛護管理担当職員という動物の適正飼養に詳しい職員を設置することを規定しています。設置しなければならない都道府県・政令市・中核市だけでなく、地域の課題に対処すべく一般市区町村にも設置を促しています。

民間に関する規定としては、動物愛護推進員という民間人への委嘱の仕組みがあります。第三八条には、適正飼養の普及啓発や、第二項には「住民に対し、その求めに応じて、犬、猫等の動物がみだりに繁殖することを防止するための生殖を不能にする手術その他の措置に関する必要な助言をすること」とあり、多頭飼育問題を起こさないように飼い主に助言をする役割も含まれています。

また、不適正な飼養、ネグレクト飼養については、民間の獣医師による通報の仕組みもあります。第四一条の二には、「獣医師は、その業務を行うに当たり、みだりに殺されたと思われる動物の死体又はみだりに傷つけられ、若しくは虐待を受けたと思われる動物を発見したときは、遅滞なく、都道府県知事その他の関係機関に通報しなければならない」とあり、虐待の定義には、積極的な殺傷だけでなく、ネグレクト飼育も含むものとされています。

このように、動物愛護管理法上も、動物を取り巻く官民連携の必要性を意識していますが、この法律上の連携相手は、動物に関わる組織・人々のみに限定されています。多頭飼育問題の解決には、飼い主のメンタルへの対応という観点から多面的な働きかけが必要ですが、動物の愛護と管理を規定する法律であることの限界があるわけです。動物の状態や不適正飼養について判断し対応する仕組みがあっても、それだけでは社会問題の解決につながらないのです。

（6）動物虐待、罰則適用

最後に、動物虐待（ネグレクトも含む）に関する規定があります。動物愛護管理法第四四条第二項には「愛護動物に対し、みだりに、その身体に外傷が生ずるおそれのある暴行を加え、又はそのおそれのある行為をさせること、みだりに、給餌若しくは給水をやめ、酷使し、その健康及び安全を保持することが困難な場所に拘束し、又は飼養密度が著しく適正を欠いた状態で愛護動物を飼養し若しくは保管することにより衰弱させること、自己の飼養し、又は保管する愛護動物であつて疾病にかかり、又は負傷したものの適切な保護を行わないこと、排せつ物の堆積した施設又は他の愛護動物の死体が放置された施設であつて自己の管理するものにおいて飼養し、又は保管することその他の虐待を行つた者は、一年以下の懲役又は百万円以下の罰金に処する」とあり、まさに過密で不衛生でケアが不十分な多頭飼育をした場合は、動物への虐待という犯罪として位置づけられることもあるのです。

実際、多頭飼育状態の程度や所有者の姿勢によっては、動物虐待罪としての立件が必要なこともあります。福祉政策の観点から飼い主の支援を考えることが、必ずしも効果的なケースばかりとは限らないのです。

ただし、動物虐待罪（ネグレクト）の罰則が強化されても、活用が難しい側面もあります。

まず、多頭飼育による虐待と判断するには、誰か第三者が、飼育現場に入らねばなりません。建物の外部からでは、虐待に該当する多頭飼育と言えるか証拠がないわけです。行政職員が最初から屋内に立ち入ることができるわけでもなく、当事者が自ら誰かを屋内に入れるか、死亡・入院しなければ内部に入れないことも多いです。また、法律上も、私たちは誰でも私有地に無断侵入はできず、住宅の強制退去などの法的手続きを先に進める必要があります。

そして、結果として動物虐待という結論になれば緊急対応が必要なのですが、各自治体の収容スペースと飼育の労力を鑑みると、多頭飼育の動物の引き取りに躊躇する自治体がほとんどです。一定の年齢を超えた犬猫や、病気や炎症のある犬猫の新しい飼い主探しは長期にわたりますし、人獣共通感染症のリスクもあります。行政が二の足を踏んでいるうちに、統率の取れていないまま各地のボランティアが動物を救護して引き受ければ、多頭飼育の現場が変わるだけになるかもしれません。つまり、虐待罪だとして緊急対応するにしても、様々な関係者で、事後の対応を事前に考える必要があります。

いずれにせよ多頭飼育は虐待だと批判し、それを判定しても「解決」にはつながらないのです。飼い主の利己的な姿勢を非難しても、虐待罪の罰則を引き上げて関係者の溜飲が下がっても、長期的に見て問題は解決しません。時には、精神科医や精神保健福祉士による聞き取りや分析、治療的司法を蓄積していく必要があります。それくらいならば、事後的に虐待罪として立件するよりも、どうやって予防・早期発見するのかに軸足を置くべきで、となればいずれにせよ飼い主の生活・地域社会の人間関係等への観察が必須です。動物の様相や健康状態だけ見ていても解決できません。

3　自治体における獣医師職員の役割

ここで、動物愛護管理行政を担っている自治体の獣医師職員（一般に公衆衛生獣医師と言われます）について、彼らの専門性と人事異動のルートについて説明しておきたいと思います。動物保護活動をしているボランティアからは、担当の行政職員は、多頭飼育問題の解決のために何故もっと尽力しないのだと批判されがちですが、彼らの仕事の最も重要な内容について理解すれば、そうした批判をすることは必ずしも適切ではないことをご理解いただけると思います。

（1）獣医師資格と多様な職業

そもそも獣医師になるためには、全国に一七箇所ある獣医系大学を卒業あるいは卒業見込みの段階で、獣医師国家試験に合格しなければなりません（獣医師法第三条及び第一二条に基づく）。獣医系大学の全国合計の定員数は約一〇〇〇名で、現役・浪人合わせて毎年一二〇〇〜一三〇〇人が受験して約一〇〇〇人が合格します。そして、農林水産大臣の免許を受けて、獣医師資格を有する人々が誕生しています。

この獣医師資格者の職業は、私たち一般市民がイメージするよりずっと多様です。

第一に、誰もがイメージする「動物のお医者さん」としての「臨床獣医師」と言われる人々がいます。このうち街中の犬猫病院は、専門用語でいえば「小動物臨床」と言われる分野で、現在は、全体の四割程度の獣医師が就いています。他方、畜産振興、家畜の健康管理等に関わる民間の獣医師もいます。彼らは農協や共済組合に勤めていたり、動物病院を開業して牧場を巡回する仕事をしていたりします。牛や豚などの大型動物の健康を管理するという点で「大動物臨床」と言われ、こちらは一割強の獣医師が就いています。

第二に、ライフサイエンスなどの「研究」の場面にも獣医師は関わっています。例えば、大学等の研究機関や、人間用・動物用の医薬品の開発や食品添加物や生活用品の安全性を確認する民間企業などで、動物実験に関わっている獣医師資格者も多いのです。また、大規模な食肉加工・食品製造業、家畜用の飼料等の開発に関わる民間企業では、動物に関する研究員として獣医師資格者を雇用しています。これらの職業は、獣医師資格者の一割強が就いています。

第三に、国の行政機関や自治体等で働く獣医師公務員がいます。動物の輸出入や検疫に関わる獣医師職員や動物愛護管理行政に関わる公衆衛生獣医師だけでなく、自治体が運営する動物園配属の獣医師職員、そして畜産振興のために農政部門に配属される獣医師職員もいます。彼らは「行政」活動の一環として、獣医学・公衆衛生学等の専門知識を用いる立場です。こちらは全体の二割強となっています。

（2）臨床・研究・行政の役割の相違

ここで、「臨床」「研究」「行政」という言葉について説明を加えておきたいと思います。

まず、小動物であれ、大動物であれ「臨床」といった場合には、「目前の対象者・対象動物のため」に、「問題を解決する」仕事です。病気になってしまった犬を連れてきた飼い主に対して、その犬の治療をし、飼い主を安心させることで問題を解決する。あるいは、農場の家畜が体調不良の際に治療し、妊娠・出産時には介助など動物への直接的な対応を行って問題を解決する。こういった仕事が「臨床」の仕事です。

次に、動物実験、安全性試験等の「研究」といった場合には、「経済・社会全体のため」に「問題の解決方法を考案する」仕事になります。難病の治療方法の開発や、科学全体の進歩のため、あるいは広く世間で用いられる食料品や日用生活品の安全性の確認のため、さらには日々の暮らしを便利にして経済を発展させる新しい製品の開発のため、どのような技術や手法があり得るかを考案する仕事です。

それでは、「行政」に関わる獣医師はどのような業務を担うのでしょうか。それは、「経済・社会全体のため」に「問題を解決する」というものです。
「経済・社会全体のため」とは、「臨床」とは異なり、業務の目的は目前の対象者・対象動物のためだけではないことを意味しています。そのため、対象者から直接的に感謝されることが少ないのですが、しかし経済社会への行政活動の影響は広く、適切に任務を遂行することが巡りめぐって人々の生活を守るのです。むしろ、特定の個人や動物のためだけに仕事をすることは許されない立場であり、常に全体的、中立的な視点を求められます。

そして、「問題を解決する」というのは、「研究」と異なり、解決方法を考案するだけでは許されず、課題に直接的に向き合わねばならないことを意味しています。これは精神的にも強い緊張感を伴います。ただし、行政の解決方法は、「臨床」のような動物の治療ではなく、法令に基づく規制・指導・啓発です。従って、問題の原因となる人々に対処するための法律的な知識やコミュニケーション能力が必要となってきます。

以上をまとめると、自治体の獣医師職員は、「人間や動物の健康や安全を守るため、獣医学・公衆衛生学・動物行動学等の観点から発生する経済社会に関わる問題を、公共的・中立的・全体的な観点から、法律等に基づいて解決する職業」と言えましょう。一般市民から、ましてや動物から直接的に感謝される場面は少ないけれども、その対象者、影響を与える範囲は臨床獣医師に比べて圧倒的に広く、社会を支える活動意義は非常に深いのです。

それでは、自治体の獣医師職員のうち、動物園や畜産酪農振興の部門ではなく、公衆衛生獣医師と言われる人々が担う業務は、どのような内容であるのでしょうか。昨今指摘されているとおり、公衆衛生獣医師は各自治体で定員に対して圧倒的に不足している状況ですが、彼らは、基本的には以下に述べる三つの施策の中核を担っています。動物愛護管理行政は、自治体行政において彼らが果たすべき仕事の中でも、実はこれまでマイナーな業務とされてきました。

（3）自治体における公衆衛生獣医師の役割

【食品衛生監視行政】

食品衛生管理の監視指導業務は、食品衛生法第三〇条と、その施行令により、食品衛生監視員（自治体に勤務する公務員としての医師、歯科医師、獣医師、薬剤師等が充てられる）が保健所に配属され、飲食店営業・食品製造業・食品販売業の許認可行政に関わる対応を行うものです。具体的な業務としては、①飲食店や食品加工場などの各種施設への立ち入り調査と食品の収去検査（サンプルを持ち帰り規格基準に合致しているか確認する）を行い、施設の衛生管理状況を把握し指導する、②飲食に起因する健康危害（食中毒や異物混入）が発生した場合の原因究明や、営業禁止停止などの効果的な行政措置の検討を行う、③従業員等に対する食品衛生管理に関わる講習会や指導を行う、④広く市民に向けた食品安全に関わる普及啓発や食品に関わる苦情・相談対応を行う、といった内容です。

こうした食品衛生管理の監視指導は、まさに人間社会の安全・安心を守る重要な仕事です。細菌やウィルスに汚染された可能性のある食品を流通させないことや衛生的な調理・取り扱いをさせることが人々の健康・安全を守るわけであり、不衛生な飲食店営業や食品製造業の存続を許さないための関所としての仕事です。また、食品製造業や食品販売業は、不特定多数の人々の健康に影響を与えるのであって、大規模な食のリスクを抑える必要があります。

そこで、食中毒などの問題を起こさせないために、法制度上の詳細な分類と規制の基準を読み解き、問題事例を的確に摘発する必要があります。これらの業務は、典型的な規制行政です。法令は厳守すべきものであって、そのためのルールや基準、マニュアルが定式化されています。

とはいえ、視野の広さとコミュニケーション能力も必要です。というのは、収益確保・利益志向の経営者・従業員・アルバイト店員らに対して衛生管理を徹底させるのは、現実にはなかなか難しいのです。滅多に起きない食中毒について危機意識の少ない当事者を説得できるかとなれば、時に話術も求められます。さらに、食品事業者への不利益処分（営業停止など）の際には、何故そのような結論になったのかを説明する覚悟と能力、指導時のコミュニケーション能力が必要となります。

【食肉衛生検査行政】

次に、公衆衛生獣医師しか関わることができない重要な任務として、食肉の安全性確保の検査が挙げられます。と畜場法第一九条と、その施行令により、牛や豚などのと畜時の検査を行う「と畜検査員」という職位は、獣医師資格を有する者しか就くことができないとされています。

と畜検査員は、自治体の食肉衛生検査所に配属され、自治体直轄のと畜場や民間のと畜場に赴いて現地で検査を行います。検査の内容は、と畜場の衛生管理の状況、と畜時の動物の健康状態や食肉の安全性の確認です。また、現場における目視確認のほか、血液や臓器のサンプルを持ち帰って病理・生化学・微生物の検査を行うこともあります。

さて、この食肉衛生検査（と畜検査等）も、人の命を守る仕事と言えます。食肉検査と聞くと、一般市民からすれば牛肉や豚肉などの「精肉」を思い描くかもしれませんが、動物由来の食材を用いた食品は、一般消費者が平時意識している以上にずっと広いです。例えば、既に味も付いて衣などと混ぜ合わさっている加工食品や冷凍食品も動物由来の食材を用いていますし、さらにレトルトフードや調味料に含まれているビーフエキスやチキンエキス、ラードなども考えれば、その広がりは大きいのです。牛や豚が農場から出荷された後、消費者の食卓に料理として並ぶまでの流通過程において、これらの家畜を一頭ごとに全て検査すると畜検査は、最初で最後の重要な関門なのです。と畜・解体する際に、病気の部位や感染症を抱えた動物の肉を的確に排除し、販売されることがないようにすることは、消費者の健康と安全を守り、さらには食肉の流通の信頼性を守って畜産農家を守る責務にもつながっています。この業務においては、動物の健康状態を見抜き、時に精密検査を行う知識と判断力が肝要です。

ところで、食品衛生検査が、無数の業者や店舗に対する社会的な規制行政であったのに比べると、食肉衛生検査は、動物の健康や内臓の状態を見張り続ける検査行政です。毎日、動物の健康、食肉の安全性を確認する業務が続きます。これは、大学時代から学んだ獣医学の知識・能力の発揮の場です。もちろん、人間を相手にした交渉や指導もあり得ますが、基本的には、と畜業者・食肉の加工業者・流通業者などの限られた職業人とのみ接触する仕事です。そして、問題が発生したときの段取りは、長年の蓄積に基づいて定まっています。つまり、人間関係やコミュニケーションが苦手でも、専門知識と職人魂で対応できる職場と言えるかもしれません。

ただし、外界から切り離された検査を粛々と行うだけではすまされません。食肉加工は、大きな利益が動く業界であり、農場関係者にとって牛や豚はその地域のブランドを示す商品です。そうしたなかで、危険や問題を発見したときに、徹底的に検査し、食肉の流通を止める心の強さが必要ですし、大勢で連携している流れ作業を止めるのは、検査とは異なる緊張感を伴います。また、肉の一部廃棄、全部廃棄を指示する際には関係者の経済的損失が頭をよぎるといいます。関係者の利害に関わるなかで、自分の専門知識が政治的圧力で潰されるリスクもあるわけで、それでもなお、公衆衛生獣医師が、プロフェッショナル精神を貫いて流通過程に釘を刺す覚悟を持たなければ、人間の食生活の基盤が崩れます。こうした重責を担うのが食肉衛生検査所で働くと畜検査員、すなわち公衆衛生獣医師なのです。

【狂犬病予防行政・動物愛護管理行政】

最後に説明するのが、狂犬病予防行政・動物愛護管理行政と言われる業務です。獣医学部への入学を目指す若者であれば、その多くが動物好きであり、特に犬や猫などの身近な愛玩動物を守りたいという気持ちで勉強したことがあるに違いありません。動物愛護管理行政とは、街中の動物病院のように直接的に犬や猫の健康を守り、命を救う仕事ができるとは限りませんが、昨今、その方向性が大きく変わりつつあり、またその重要性が増している分野です。

ご存じのとおり、動物の飼育・愛護・管理に関わる行政は、狂犬病予防法、感染症法、動物愛護管理法等に基づいています。

狂犬病予防業務とは、飼い主に飼い犬の登録、鑑札の装着、予防注射を受けさせるための日常的な業務から、野犬や所有者不明の犬の捕獲・抑留・処分、さらには万が一の狂犬病発生時の届出・隔離等を行う業務です。このうち、捕獲・抑留・処分については、狂犬病予防法第三条により、公務員獣医師が狂犬病予防員に任命されて行います。全国各地に多数の野犬が存在していた頃は、その野犬を捕獲して一斉に殺処分をせざるを得ない状況にあったことを多くの方はご存じだと思います。

また、感染症法に定められた発生時に届出が必要とされる感染症のうち、動物由来感染症、例えばエキノコックス症や鳥インフルエンザなどが地域内で発生しないか常時監視を行い、問題が発生した場合に対応する活動も、公衆衛生獣医師が担います。飛来した野鳥が野外で息絶え、そこから危険なウィルスが検出された場合には、動物園や一般家庭の小鳥の飼育者への普及啓発も必要になります。

そして、一般的な動物愛護管理行政は、動物愛護管理法第三七条の三により、獣医師等が動物愛護担当職員に任命されて行います。彼らは、保健所あるいは動物愛護センター等に配属され、多種多様な業務に向き合います。社会全般に対する動物愛護の普及啓発、飼い主の適正飼養の普及啓発、動物取扱業者の監視指導や新規登録、動物の虐待・ネグレクトによる周辺環境悪化への対処、所有者不明の犬猫の引き取り、新しい飼い主への譲渡などです。

かつては、動物をめぐる近隣紛争対応と、不要として持ち込まれた犬猫の殺処分対応に追われる業務でしたが、この動物愛護管理行政は、今大きく変化してきています。そもそも社会全体に動物愛護の気風を育てることは、心優しい社会を構築する上で有意義であるとされています。身近なペットと飼い主との良好な関係を考えるのは、個人主義化が進むストレス社会においては、国民的な要請とも言えましょう。犬や猫の殺処分数が圧倒的に多かった時代に比べると、動物愛護の普及啓発や飼い方指導、新しい飼い主探しなど、公衆衛生獣医師職員にとって自らの初心や動物を愛する心情を形にしていける業務が増えてきているのです。

しかし、動物愛護管理行政は、近隣トラブルや業者による事件が発生するといきなり暗礁に乗り上げます。結局のところケースバイケースの事案が多く、困った飼い主や悪質な業者に対して、強制力の弱い説得・指導という手法しか用いることができません。食品衛生管理、食肉衛生検査のように法令による基準やマニュアルが定式化しておらず、ルールとは「守るもの」「守らせるもの」というよりも、「コミュニケーションを通じて作り上げていくもの」といった感触でしょうか。

この業務を遂行するに当たっては、一にも二にもコミュニケーション能力が必要です。飼い主、地域住民、福祉関係者、警察、その他多様な人々との対話・交渉が続き、何がしかの苦情への対応といっても、苦情の内容によって関係者と行政の関係は異なります。相手の状況・主張内容に応じて千差万別の対応が求められ、動物を守りたいだけなのに、どうしてこんなに人間対応が多いのだろうかと頭を抱える場面が続くのです。規制行政からサービス行政まで多面的な判断力が求められ、合意形成にも時間が掛かってしまうのが、この分野の苦しいところです。

【公衆衛生獣医師の業務の特徴】

以上の三つの分野をまとめて、公衆衛生獣医師と言われる人々の仕事の特徴を整理しておきます。

まず、業務の内容が非常に多岐にわたります。保健所の食品衛生部門か、食肉衛生検査所か、動物愛護センターか、人事異動でどこに配属されるかによって仕事のスタイルが全く異なるのです。対応する人々も違うし、コミュニケーションの密度や難しさも全く異なります。

また、動物病院や民間の専門家組織や研究機関ではなし得ない業務です。公権力の裏付けが必要な監視指導、営利の発想では対応できない食肉検査や動物愛護管理など、公共性・中立性・非営利性が鉄則です。もちろん、動物愛護管理行政については民間ボランティアとの協働が必須とされますが、動物のためだけに公的な予算をつぎ込むわけにはいかないのです。公共の福祉全体のためという目的と、それを自治体の行政組織全体として認める土壌が必要です。

というわけで、世間一般、動物愛護のボランティアがイメージする動物行政に関わる業務は、実は自治体の公衆衛生獣医師の仕事のごく一部に過ぎないのです。情熱と信念を注ぐボランティアからは、行政職員には批判が向けられがちですが、彼らの任務はほかにも多数あります。そして、休日には、動物愛護とは異なる分野で地域ボランティア活動をしている人も多いです。

ご自分は民間企業に勤めながらボランティアをしている方は、週末に自分のやりたい活動をするヒマがあったら出勤してもっと積極的に働けと言われたら、困惑しますよね。自治体の獣医師職員に、もっと積極的に働け、もっと動物のために活動せよと主張する場合は、ご自分が所属する企業の株主から、夜間や休日にも本業の仕事をせよと言われる苦しさを想像してみて下さい。

とはいえ、やはり彼らは獣医師資格を有しています。動物が関わっている限り、多頭飼育問題について解決に向けて動くべき立場です。そして、彼らが持つ獣医学の専門知識だけでは対処できない問題をいかにして克服していくべきか、そのキーが動物政策と社会福祉政策の連携なのです。

4　社会福祉と連携した対応策の考案へ

　これまで説明してきたとおり、多頭飼育問題は古くからある課題ではありますが、近年、社会の変化を受けて、発生する事案のパターンやメディアの描き方も次第に変化してきました。つまり、動物取扱業者だけでなく、一般市民の多頭飼育問題が注目されるようになってきました。動物を愛好しつつも、適正に飼うだけの経済力・判断力・体力のない飼い主が増加していること、その背景には、ストレス社会・高齢化・社会的孤立・貧困（社会的格差の拡大）があることを直視せねばなりません。実際、自治体で、福祉関係者から動物に関わる相談が来ることが増えてきたと聞いています。例えば、ある人物に関して、生活環境を改善するために介護施設や緊急の救護施設への入所を勧めたいのだが、ペットがいるために自宅を離れようとしないが、ペット自身も十分にケアされていない印象であるというような相談です。放置しておいたら、こうした事案は、ますます増えていきます。

　こうした社会動向を見抜いて、二〇一九年三月に、環境省と厚生労働省が連携し、「社会福祉施策と連携した多頭飼育対策に関する検討会」が立ち上がりました。この検討会が立ち上がるまでにも長年にわたる政策的な準備の過程がありましたが、それは後の章で説明するとして、この検討会の議論に基づいて、二〇二一年三月「人、動物、地域に向き合う多頭飼育対策ガイドライン」が策定されました。策定後すぐに環境省・厚生労働省から全国の都道府県等の動物愛護管理部局と福祉部局に向けて通知が出され、ガイドラインを参照して相互の連携強化を図ることが促されるようになったのです。

　とはいえ、多機関・多職種連携とは、言うは易く行うは難しであり、共通認識を作る必要があります。もともと動物関係者は福祉政策を十分に理解していません。福祉関係者も多頭飼育問題の課題の難しさを十分に理解していません。ですので、このガイドラインを実働させるためには、まずは互いの制度や運用の相場観を共有し、理解する必要があるのです。行政組織の様々な部局の職員、社会福祉協議会や地域の動物保護ボランティアなど、官であれ民であれ、相互の政策的な垣根を互いに超えやすくする地盤づくりが必要です。

　そこで第Ⅱ部では、動物の話題から離れて、社会福祉政策の話題へと入っていきます。社会福祉政策というのは、日本で暮らす人は誰もが知っておいて損はない内容です。また、その課題を知らずして、今の日本の地域課題を理解することもできません。頑張っていきましょう。

第Ⅱ部　社会福祉政策

5　社会福祉政策の定義と考え方

(1)　福祉政策の定義

福祉政策という概念は、とらえ方次第で範囲が変わってきます。広義でとらえるならば、福祉国家と言われる場合の国家の政策であり、生存権の保障と所得の再分配を掲げる社会保障制度を前提に、各種の生活扶助（生活保護や支援金など）、リスクに対する保険制度（医療や介護などの公的保険制度）、雇用確保や就労支援、教育や居住の確保なども含めて人々の生活を支援する公共政策の全体像と言えましょう。

とはいえ、就労支援のための公共職業安定所（ハローワーク）の運営や自治体のジョブカフェの設置は、日常的には福祉政策とは呼ばれません。また、貧困の連鎖を断ち切るための義務教育サービスや公営住宅の建設・提供なども、一般的には福祉政策とは呼びません。

というわけで、狭義の「福祉政策」となると、「安定した収入や安全な家庭の欠落、身体的・精神的課題などの面から、日常的・社会的に自立生活を送るのが難しい立場にある人々に、憲法で明記された生存権を保障し、地域社会の中で安心して暮らせるようにするための相談対応・介護・支援を行う政策」と定義できましょうか。これらは「社会福祉政策」とも呼ばれます。また、特に地域の中での支え合いを意識する場合には、「地域福祉政策」と呼ばれます。

ただし、まさに社会福祉の法制度に規定される相談支援の中には、それこそ就労支援や子どもの学習支援・家賃補助などが含まれることもあります。このように福祉政策といった場合、どこまでを含めるかは様々な議論があり得ますが、本書においては基本的には狭義の意味を前提に議論を進めていきます。

ちなみに、高校までの社会科の授業でも触れられることですが、ここで改めて確認しておきましょう。生存権の保障とは、国民全てが健康で文化的な最低限度の生活を営めるように、国民全体から集めた税金を用いて様々な公共政策を行うことです。その国で定める健康で文化的な最低限度の基準を「ナショナル・ミニマム」といいます。

また、所得の再分配とは、全ての人の生存権の保障に向けた様々な公共政策の原資を集めるために、所得の多い人に対しては課税率を高くし、所得の少ない人に対しては課税率を低くすることで富の再分配を行うことです。

さて、この福祉政策ですが、政策のターゲットに応じて概ね四つの分野に分類されます。

ａ生活保護・困窮者支援……ナショナル・ミニマムに基づく経済的保護、相談や支援を行う
ｂ高齢者福祉……医療政策と連携し、高齢者の身の回りの介護などのきめ細やかな対応を行う
ｃ障害者福祉……日常的な生活支援や社会的自立のために障害に応じた多面的な対応を行う
ｄ児童福祉……保育所や子育て支援、児童虐待防止、障害児支援等子どもの健康と安全を見守る

このうち本書では、ａ生活保護・困窮者支援と、ｂ高齢者福祉を取り扱います。日本の一般市民による多頭飼育問題を論じるに当たっては、主としてａとｂに関連することが明らかになりつつあるからです。他方、ｃの障害者福祉は、障害者への差別解消や合理的配慮の必要性から重要なテーマですが、障害者福祉といっても、身体・知的・精神障害のそれぞれに課題が非常に幅広く、また適切に議論するには医学的知識を要します。また、後述するとおり、障害者によるペットの多頭飼育問題はあまり聞きません。本書は、ペットの多頭飼育問題の予防・解決と関連する社会福祉政策という観点で執筆しているので、ｃについては、敢えて章を立てての説明は省略したいと思います。とはいえ、福祉政策を論じる上では大切な分野であるので、総論的な部分で積極的に触れたいと思います。ｄ児童福祉については、ペットのネグレクト飼育と育児放棄などに関連があるとされているにせよ、多頭飼育問題そのものからは少し離れるので敢えて割愛します。

（2）自助・互助・共助・公助のせめぎ合い

さて、福祉国家という単語を出した上で、福祉政策の定義を説明しましたが、しかし具体的な福祉的課題について、行政がどこまで責任を負うべきか、一筋縄ではいかない難しいテーマでもあります。確かに、自助や共助よりも、公助の方が大きな影響力を持っており、公助の充実はとても大切です。しかし、公助に頼るばかりでは、福祉サービスはいずれ硬直化し、そして財政的に破綻しかねないことも考えねばなりません。

もちろん、ナショナル・ミニマムを保障する公的な政策の重要性は言うまでもありません。本人と家族だけで、貧困や社会的孤立、様々な障害を乗り越えるのは難しいです。核家族化や夫婦共働き世帯の増加により家族や親族の支えは希薄化していますし、高齢者世帯は、収入面でも体力的にも自力で暮らすのは苦しいはずです。また、親族や地域社会が、身の回りの生活や、生活に関わる資金を支えられるわけではありません。そもそも都市部では個人主義化が進み、地域の支え合いの機能も低下しています。誰もが人生のリスクや加齢という課題を抱えているからこそ、そのリスクを国全体で配分する仕組みが必要です。それが、公助であり、ナショナル・ミニマムとは、憲法に保障された「健康で文化的な最低限度の生活の保障」のための基準なのです。

しかし、ナショナル・ミニマムの概念と、福祉政策の財政的限界のバランスを考えると、本当に悩ましいところです。景気が良いときには、国家の財源も潤沢です。でも、そういうときには福祉政策のニーズはさほど高くなりません。福祉政策のニーズが高まるのは、景気が良くないときであり、しかし、そういうときには国家財政も逼迫するのです。だから、社会福祉的なサービスを全て公助に頼れば、財政的な枠組みは破綻しかねません。

また、行政サービスの画一性に照らせば、やはり当事者の個性を知る家族や隣人・地域社会によるきめ細やかな対応も必要です。行政サービスは、状況や条件次第で、行政の肥大化とも、行政対応の不足とも批判されるため、どうしても基準や根拠といった仕組みを作り上げてからの対応になり、後手に回りがちです。つまり、自助（自分や家族でどこまでできるか）や、互助・共助（地域社会の支え合い）も必須なのです。

（3）誰もが安心して暮らせる地域共生社会を目指して

さらに、昨今の社会問題は複雑化しています。かつてのように高齢者は施設に入所させ、貧困者には生活保護を支給するという、特定の対象者には特定の対応をすれば良いというほど単純ではありません。生活保護費の支給だけでは解決せず、画一的な施設入所でも解決しない問題が増えているのです。

例えば、孤立死・孤独死、老々介護、認知症の徘徊、ＤＶ・児童虐待、孤立した子育て、買い物難民、障害者や難病患者の孤立、災害時の避難の不安、生活困窮、若者の引きこもり、ヤングケアラー、うつや自殺、外国人の孤立、特殊詐欺被害など、幾重にも課題が蓄積しています。

　また、先ほど福祉政策には四つの分野があると書きましたが、現実には、困窮者支援・高齢者福祉・障害者福祉・児童福祉の課題が別々に存在しているわけではありません。例えば、収入の不安定なシングルマザーと児童虐待の問題、足が不自由な単身高齢者や、知的障害と認知症を両方抱えている人、８０５０と言われる八〇代の介護が必要な親と実家で孤立して介護する息子、精神障害を抱えて安定した職業を見つけられない（失業する）人など、政策を作る側の制度的な発想ではなく、政策を受ける側から思考する必要があります。だから、国・自治体・民間組織・専門家等の多面的かつ横断的な連携が必要であり、ケースバイケースという覚悟が問われるのです。

　こうした福祉政策の課題の難しさに接して、私たち全員が考えるべきことがあります。それは、人生の全ての段階で経済的・社会的に自立して暮らせる人は決して多くはないと自覚することです。つまり、人生のリスクは誰でも普遍的に有していると心得る必要があります。生まれたときから家庭の貧困や身体の障害を抱えて、公的な支援の中で暮らす人々もいます。でも、順調な生活を営んでいた人々も、事故・病気・加齢・様々な挫折を通じて状況は変わるのです。高齢化による認知症や、身体障害・精神障害などは、誰もが経験する可能性があります。例えば、私たちは、交通事故によって明日にでも手足を失い半身不随になり得るのです。ストレス社会において、自己を否定して精神的に潰れかねない人々があふれています。また、コロナ禍で収入の糧を失うのは、被雇用者だけでなく、それまでリーダーと思われていた企業の社長も同じかもしれません。だから、福祉政策とは、他人事ではなく、自分が当事者であることを思い描いて、真剣に考えるべき政策分野なのです。

　こうした観点から、年齢・国籍・性別・障害の有無を超えて、多様な関係者が互いに支え合う社会を目指す「地域共生社会」という概念が提唱されています。

（4）福祉の見守りの目と動物

　ところで、福祉政策についての本格的な説明に入る前に、もう一度、動物の飼育と福祉政策の関係を伝える話題を二つ挙げたいと思います。

　一つ目は、身体障害者補助犬の話題です。盲導犬、聴導犬、介助犬など、障害者の生活上の課題に応じて働く犬たちです。大切に育てられた優秀な犬たちで、育成団体や訓練施設が常に障害者の生活支援とセットで見守る仕組みになっています。ですから、身体障害者補助犬の不適正飼養がそのまま放置されているというニュースは、ほとんど聞かないですよね。

　もう一つは、精神保健福祉士からの話題です。先ほど少し触れましたが、精神障害を抱えた人の場合も、昨今では、個人や家庭内で多頭飼育になることはあまり聞きません。私のゼミの卒業生に、社会福祉士・精神保健福祉士の二つの資格を持って、地域内で障害者支援に携わっている若者がいて、以下のような話題を教えてくれました。「精神障害の方が一人暮らしをして、ペットを飼うというのは、なかなか難しいケースが多いです。でも最近、自分の職場の地域では保護猫や保護犬を引き取って、障害者の方が生活するグループホームで一緒に育てながら生活する事業所が増えています。動物好きの方には喜ばれているみたいです」。

　この二つの話題から私がお伝えしたいのは、ペットと飼い主の両方への見守りの目が大切だということなのです。ご存じのとおり、誰であっても動物好きな人にとっては、ペットとの暮らしは心の支えになります。ただし、障害者が一人でペットを飼うのは難しく、もともと周囲の支えが必要です。そして、支えがあればペットをめぐる問題は発生しないわけです。逆に言えば、社会福祉・地域社会からこぼれ落ちたところで多頭飼育問題が発生することになります。多頭飼育問題への対策を考えるとき、「それまで自立生活を送れていた人が、いつの間にか周りに気が付かれないうちに不適正飼養に陥ってしまう」という側面に注目する必要があります。この「いつの間にか周りに気が付かれないうちに」が発生しやすい課題こそが、高齢者の加齢に伴う問題と、社会的孤立・経済的困窮問題なのです。社会福祉政策の四つの分野のうち、本書では、この二つを重点的に説明することの意味を心に留めておいていただきたいと思います。

6　社会福祉・地域福祉の基盤制度

　ここから、いよいよ福祉政策の本論に入っていきます。最初の話題は、福祉政策の基盤ということで、法制度や行政担当組織の説明、そして福祉に従事する人々の仕事の内容、資格等について説明していきます。

（1）社会福祉法

【法の趣旨・理念と全体構造】

　社会福祉政策を学ぶ上で、まず読まねばならない法律は、社会福祉法です。社会福祉政策の基本となる法律で、一九五一年に制定され、日本の経済社会の変遷とともに、幾度も改正を重ねてきました。本書では二〇二一年度から施行された条文をベースに解説します。

　この法律は、まず社会福祉の理念と事業の全体像を規定しています。第一条には、「この法律は、社会福祉を目的とする事業の全分野における共通的基本事項を定め、社会福祉を目的とする他の法律と相まって、福祉サービスの利用者の利益の保護及び地域における社会福祉（以下「地域福祉」という。）の推進を図るとともに、社会福祉事業の公明かつ適正な実施の確保及び社会福祉を目的とする事業の健全な発達を図り、もって社会福祉の増進に資することを目的とする」とあります。つまり、総論として社会福祉に関わる基本的な事項・方針を定め、また「社会福祉を目的とする事業」と「社会福祉事業」を分類し、後者について列挙・整理することを社会福祉法の役割としています。

社会福祉事業の詳細は、のちほどしっかりご説明しますが、この「社会福祉を目的とする事業」と「社会福祉事業」との違いは何でしょうか。

まず、社会福祉を目的とする事業というのは、私たちの誰でも実践できる活動です。地域社会の一員として誰もが安全・安心な日常生活を営めるように支援する事業で、様々な民間活動（収益を伴う企業活動から無償のボランティア活動まで）が社会福祉を支えていると言えます。

例えば、全国各地に広がる子ども食堂、ありますよね。私が暮らす長野県軽井沢町でも、子ども食堂を展開する「あたしキッチン」という取り組みがあります。月に一回、フードドライブで町内外の有志から集めた食材を用いて献立を検討し、公民館の調理室・集会室で、大人も子どもも仲良く賑やかに食事ができる機会を提供しています。コロナ禍でも休むことなく毎月続けている様子、これは並大抵のことではないと頭が下がります。経済的に必ずしも恵まれていない世帯の子どもたちを栄養面で支え、またそれ以外のご家族も笑顔で受け入れることで地域共生社会づくりに貢献する。これこそ、

＜プログラム内容＞

1　入場・ごあいさつ

2　動物とのふれあい

［内容］・温かく柔らかい動物に触れる
・腕や指を動かす
・犬といっしょに歩く
・犬のブラッシングをする
・手からフードをあげる
・犬とゲームをする

［効果］・癒される
・リラックスする
・笑顔があふれる
・会話がはずむ
・記憶を思い出す
・元気が出る　　　など

3　犬の一芸披露
楽しく見ていただくことで、手拍子や拍手、笑いがあふれます。

4　ごあいさつ

5　退場

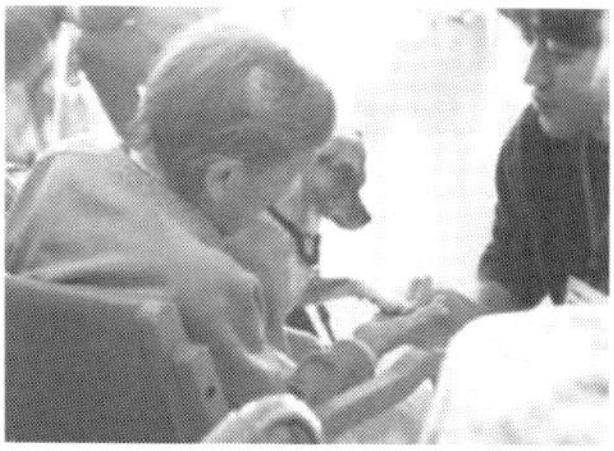

画像6－1　社会福祉を目的とする事業

福祉施設への動物ふれあい訪問活動（長野県動物愛護会の有志・長野県動物愛護センター）

「長野県地域福祉支援計画2019年度～2022年度」52頁より

https://www.pref.nagano.lg.jp/chiiki-fukushi/documents/4-2dai2setu.pdf

まさに社会福祉を目的とする事業と言えましょう。

　もう一つ事例を紹介します。長野県の動物愛護センターの高齢者福祉施設訪問活動です。これは、県内で犬を飼育している飼い主が、愛犬を連れて高齢者福祉施設等でふれあい活動を行うものです。愛護センターの「犬のしつけ教室」で、十分なトレーニングを積んだ経験を活かした取り組みで、かつ高齢者への配慮についても十分に研修を受けるそうです。施設には、耳が遠い方、車椅子の方、杖をついている方、そして動物が好きで手を伸ばす方、いろいろいらっしゃるので、高齢者の安全と犬のストレスをバランスよく考えて対処しなければなりません。細心の注意を求められる活動ですが、施設関係者に大いに喜ばれることで、飼い主にとっての達成感につながっています。これもまた社会福祉を目的とする素晴らしい事業と言えましょう。

　他方、社会福祉事業とは、プロフェッショナルの事業であり、社会福祉法に規定されている基準を守るべき事業です。社会福祉を目的とする事業のうち、規制と助成を通じて、公明かつ適正に実施されるべき事業で、第一種社会福祉事業と第二種社会福祉事業の二種類があります。詳細な説明は、のちほど行います。

【地域共生社会を目指す方向性】

　社会福祉法の総論として、条文に新たな文言を加えながら拡充してきたのが、「地域共生社会」「包括的支援体制」「重層的支援体制」といった概念です。これは、二〇一六年に政府が掲げた、全世代・あらゆる人々の、つまり年齢・国籍・性別・障害の有無などを超えて包括的に政策を考える方針です。

　例えば、長野県の地域福祉支援計画には三つの柱があります。①「ごちゃまぜ」の社会（地域の中で、誰もが居場所と役割を持ち、その人らしく生きることのできる社会）、②「新しいお互い様」の社会（「支え手」「受け手」の役割分担を超えて、みんなが地域づくりの主体として支え合う社会）、③包括的に支える社会（住民や団体、法人など多様な担い手が地域福祉に参加し、地域性に合わせて自助、互助、共助、公助が包括的に支える社会）とあり、こうした表現でイメージされるのが地域共生社会の姿です。

これらの概念を支える条文として、社会福祉法第四条には、「地域福祉の推進は、地域住民が相互に人格と個性を尊重し合いながら、参加し、共生する地域社会の実現を目指して行われなければならない」とあり、その第二項には「地域住民、社会福祉を目的とする事業を経営する者及び社会福祉に関する活動を行う者（以下「地域住民等」という。）は、相互に協力し、福祉サービスを必要とする地域住民が地域社会を構成する一員として日常生活を営み、社会、経済、文化その他あらゆる分野の活動に参加する機会が確保されるように、地域福祉の推進に努めなければならない」とあります。また、第六条には、「国及び地方公共団体は、地域生活課題の解決に資する支援が包括的に提供される体制の整備その他地域福祉の推進のために必要な各般の措置を講ずるよう努めるとともに、当該措置の推進に当たっては、保健医療、労働、教育、住まい及び地域再生に関する施策その他の関連施策との連携に配慮するよう努めなければならない」とあります。包括的かつ重層的な支援体制の構築は、昨今の福祉政策の基軸となる概念です。条文は省略しますが、一〇六条の三、一〇六条の四、一〇六条の六に関連する規定があります。困窮者支援や高齢者福祉に関わるところで詳細を説明します。

【社会福祉の関係組織の規定】

次に社会福祉法は、行政や民間の関係組織について規定しています。

第一に、自治体行政の制度について規定しています。福祉政策の起点となるのは、福祉事務所です。社会福祉法では、都道府県と市区に社会福祉政策に関わる担当組織として福祉事務所を設置する義務を明記し、また福祉事務所に配属させる職員の資質・能力・資格について規定しています。次に、都道府県や市町村において、地域で暮らす様々な人々を支えるために、包括的かつ重層的な支援体制の整備を定めています。そのために、市町村では、関係者が集まって議論する支援会議を組織することができるとしています。そして、高齢者福祉、障害者福祉、児童福祉などの様々な福祉政策の計画を統合し、さらに自殺対策、困窮者支援対策、保健分野の政策も取りまとめていくために、市町村レベルでは地域福祉計画の策定、都道府県レベルでは地域福祉支援計画の策定に努めることを規定しています。

第二に、社会福祉法人に関する規定があります。社会福祉事業に関わる民間の社会福祉法人の設立、運営、監査、解散等の法的手続きを規定しています。社会福祉施設などを経営し、入所者の生活と命を預かる立場であるため、その組織体制について、法律で細かい規定が設けられているのです。

第三に、社会福祉事業者や、社会福祉に関わるボランティアなど、地域の多様な関係者が会員として参加する社会福祉協議会に関する規定もあります。市区町村ごとに社会福祉関係者が参加する市町村社会福祉協議会のあり方について規定し、それらの集合体として都道府県社会福祉協議会、全国社会福祉協議会連合会の設置について規定しています。

（2）福祉政策に関係する組織・主体（どこで？）

次に、社会福祉政策に関係する主たる組織について掘り下げて把握していきましょう。

【中央省庁・地方自治体】

まず、中央省庁としては、厚生労働省があります。社会福祉政策の制度設計・運用上の課題に関する全国的な対応を行う行政組織です。

内部部局を見ると、社会福祉政策に関わるところとしては、社会・援護局、老健局、子ども家庭局などがあります（二〇二一年現在）。社会・援護局は、組織・人材確保・体制整備といった社会福祉制度全般を管轄し、また、生活保護法・生活困窮者自立支援法等による経済的な貧困・生活困窮状態の相談支援や、障害者総合支援法、障害者差別解消法等による身体・知的・精神障害者の権利擁護や自立支援を所管しています。老健局は、老人福祉法・介護保険法等による高齢者の介護サービスや生活支援を担当しています。子ども家庭局は、児童福祉法、児童虐待防止法等による児童の安全の確保・子育て支援の担当です。

ただし、福祉政策は、地域ごとの住民生活や価値観、人口・年齢構成によって異なるもので、最も早くから一般市区町村まで権限や運用を地方分権化してきた政策分野です。つまり、やはり都道府県、そして市区町村の現場での取り組みが重要になってきます。

そこで、都道府県・市区町村の体制を見てみます。

まず、どこの自治体にも、本庁の福祉部局があります。名称は様々で、例えば、保健福祉局、健康福祉部、住民福祉課、社会福祉課……といった具合です。

そして社会福祉政策に関わる現場の出先機関として、福祉事務所と保健所があります。各自治体の条例に基づいて、保健福祉事務所という名称で一体化して運営している自治体も増えていますが、設置体制や活動の根拠など、それぞれの仕組みを理解しておきましょう。

福祉事務所は、社会福祉法に基づいて都道府県、一般市、特別区は必置で、町村や広域連合は任意で設置されています。生活保護法、生活困窮者自立支援法、児童福祉法、老人福祉法、障害者総合支援法等を運用し、身の回りの生活相談や支援、社会生活に向けた自立支援に関する事務をつかさどる事務所です。

保健所（都道府県、政令指定都市、中核市、保健所設置市、特別区は必置）は、対人保健・保健指導と言われる人の健康に関すること（母子保健、老人保健、精神保健、感染症など）と、対物保健・生活衛生と言われる地域の公衆衛生に関すること（食品衛生、環境衛生、薬事行政など）を担います。このうち住民をターゲットに保健指導する活動の中には、社会福祉事業の対象者も多く、従って、福祉事務所と保健所が連携して活動することになるのです。

なお、小さな町村では、保健・福祉センターといった名称の出先機関を任意で設置していることが多いです。

それから、子どもたちのための福祉・保健政策の運営は、福祉事務所・保健所とは別に事務所を設置しています。昨今、児童虐待への対応などで注目されることが増えてきた児童相談所は、児童福祉法により、都道府県と政令市は必置、中核市と東京都特別区は任意で設置可能となっています。また、一般市町村などでは、児童相談センター、子ども相談センター等の名称で組織を設置している自治体が増えています。

各自治体には、専門家による審議会・会議体も設置されています。例えば、その自治体の社会福祉政策の方向性を議論する社会福祉審議会は、都道府県、政令市、中核市に設置されています。高齢者福祉の分野では、介護認定審査会という組織があり、これもまた都道府県・政令市・中核市・特別区などで設置しています。一般市町村では、複数の市町村が協力連携した広域連合等の単位ごとに設置しています。

【社会福祉協議会（社協）】

中央省庁、都道府県・市区町村に続いて、福祉政策において重要な組織は、社会福祉協議会（社協）です。法的には、社会福祉協議会は、社会福祉法に基づく営利を目的としない民間の社会福祉法人となっています。とはいえ、一つの民間団体というよりも公的な組織に近い立場です。地域の福祉団体など関係者が広く集う場であり、地域全体の連絡・連携活動を行っています。先に説明したとおり、市区町村社会福祉協議会、都道府県社会福祉協議会、全国社会福祉協議会によって構成されています。

　このうち特に重要なのは、市区町村レベルの社会福祉協議会です。全国約一八〇〇箇所、約一四万人のスタッフがいて、地域福祉に取り組む専門的な経験・知識のある職員が配置されています。彼らは、コミュニティ・ソーシャルワーカー（ＣＳＷ）とも呼ばれます。余談ですが、数年前にＮＨＫで『サイレント・プア』というドラマがあり、深田恭子さんが主演でした。社会福祉協議会で地域の人々に寄り添うＣＳＷの誠意と奮闘を描くドラマです。リアル社会を見ても、私が暮らす長野県軽井沢町にも、頑張り屋さんのＣＳＷがいて、地域の人情を支えています。さらに、市区町村の中も地区社協ごとに分割され、より草の根の活動が行われています。

　市区町村の社会福祉協議会は、地域によって役割や位置づけが様々です。基本的には、高齢者、障害者、子育て中の親子や支援団体などが交流・情報交換する場づくり・調整活動を担うことが多いです。とはいえ、民間のホームヘルプ事業者が少ない地域などでは、直接的に様々な福祉サービスを提供すべく社会福祉事業（介護保険による居宅サービス事業や障害者の生活支援事業）を行っている場合もあります。いずれにせよ、地域のボランティアなどを集め、配食サービスを展開したり、高齢者が集えるサロン活動や社会福祉に関するセミナー等を実施したりしている存在です。

　最後に、社会福祉協議会の、地域福祉とは異なるけれども非常に重要な役割についても触れておきます。それは災害時対応です。災害発生後、緊急対応を迫られる自治体に代わり、ボランティアや支援物資の受付を行うのは社会福祉協議会の役割となっています。地域で暮らす誰にとっても、社会福祉協議会は必要な組織体であると理解していただけると思います。

【社会福祉に関わる民間団体】

具体的に地域住民や個々の高齢者などにサービスを提供する存在として、民間の社会福祉事業者・社会福祉を目的とする民間の活動団体等があります。大きくとらえると三つに分けられると思います。

まず、社会福祉法人です。社会福祉事業を行うことを目的として、社会福祉法に基づいて設立された法人で、公益性と非営利性を兼ね備えているとして、自治体の助成や税制上の優遇を得られる組織体となります。とはいえ逆に、営利では対応できない案件に対して、行政の判断に基づいて協力する責務があります。養護老人ホーム、特別養護老人ホーム、ホームヘルパー派遣事業、デイサービスを運営したり、高齢者や障害者の日常生活、社会生活に関わる自治体の相談対応窓口業務を受託していたりします。

次に、営利法人（企業）による介護・ケア付き高齢者住宅なども、福祉関係の主体です。これらの営利企業は、基本的には自立生活ができる高齢者を念頭に、入会金や家賃を得て二四時間スタッフを常駐させ、経済的に収支が合う範囲で、様々なサービスを行う組織体です。それだけに、最も福祉的ケアが必要な人には対応できません。例えば、費用の支払いが困難であるとか、専門性の高い介護や医療を要するとか、複合的課題を抱えている人を受け入れるのは難しく、あくまで市場原理に基づいたサービス事業者になります。

そして、福祉政策においては、社団法人・財団法人や、NPO法人等も、様々な目的を持って日常生活・社会生活の支援に向けたきめ細やかな活動を行っています。例えば、障害者や経済的困窮者が、社会的に自立できるための相談やコーディネートに尽力したり、認知症・単身高齢世帯等の増加に伴い、日常的な生活支援（配食・見守り等）を頑張ってくれていたりします。また、介護予防の観点から、自立生活の基本を伝えたり、高齢者の生きがい・社会参加の場を作ったり、ノーマライゼーションの理念に基づいて高齢者や障害者が地域で活動できる場づくりをしている団体もあります。また、当事者による団体（家族の会も含む）が、相互に支え合う活動を組織化することもあります。ただし、資金や人員など活動基盤が脆弱で、継続性に不安がある場合もあります。

（3）福祉政策に関わる資格・職位（誰が？）

福祉サービスは、人々の日常生活に関わり、時には命に関わることもあります。そのため、様々な専門資格や職位があり、お互いに強み・弱みを補い合いながら地域を支えています。これらの資格や職位の名前がよく分からないと、福祉政策に関して誰がどう動いているか分からないことも多いです。数多くの資格の中から、主たるものだけですが紹介してみたいと思います。

【社会福祉士（国家資格）】

社会福祉士は、社会福祉政策の全体像を把握し、総合的な判断ができるとされる国家資格です。関係する様々な法制度を詳細に理解し、どのような福祉サービスや支援内容があるか、多様な関係者の役割や横断的な連携をどうするかを考える役割を担っています。本人や家族からの相談を受けて、本人の心身の状況と制度・政策の位置づけを整理する役割を持ち、どのような社会福祉制度・サービス・事業に適合するかを総合的に判断する役割を果たします。

社会福祉士は、社会福祉制度・法律に詳しいため、生活保護の相談を受け、支給の判断をして定期的に家庭訪問するケースワークも担います。また、成年後見制度など、当事者の権利擁護に関わることも多いです。特に、障害者福祉政策に関わる場合には、地域や職場での差別解消に向けた相談対応が前面に出てくることもあります。

ちなみに、ケースワークという言葉は聞き慣れないと思いますが、社会福祉法における現業（庶務ではなく、直接に相談対応し、現場訪問をする）のことを指します。一般的に行政活動は誰か個人のために行われるのではなく、公共の福祉全体のために政策を実施しているものです。しかし、福祉政策においては、まさに個別対応が政策の主軸となっています。だから、ケースごとのワークなのです。

これらの様々な対応において、本人と家族、家族同士、福祉関係者との間で認識が異なると、社会福祉士が板挟みの苦労を背負うことがあります。それを解きほぐしていくのも彼らの役割と言えましょう。社会福祉士が活躍している場所は、自治体の福祉部局や福祉事務所、児童相談所、社会福祉協議会、様々な社会福祉法人や福祉関係のＮＰＯ団体などで、つまり、あらゆる場面で関係者を取りまとめる役割を担っています。

【社会福祉主事・児童福祉司（地方公務員の職務上の身分＝職位）】

福祉事務所や児童相談所で働く公務員には、福祉政策に関する専門知識が求められます。その際、社会福祉士等の国家資格を持っている公務員であれば、そのまま仕事を遂行する能力がありますが、資格者を福祉専門に採用するだけでなく、経済社会全体を把握する事務職が福祉政策に関わることも必要です。そこで、国家資格はなくても、研修等を通じた十分な知識と経験があれば、一般の地方公務員も社会福祉に関わる業務を担当できる、そういう仕組みがあります。大学等で関係する科目を履修していること、不足があれば厚生労働省などが開催する研修会に参加することを条件に、研修等の修了者の公務員に、社会福祉主事、児童福祉司という身分を付与する仕組みです。

社会福祉主事・児童福祉司の身分を付与された地方公務員は、社会福祉士等と同様に、生活保護の支給の判断、高齢者・障害者の相談対応、社会福祉法人の監督、児童虐待対応を担います。ただし、地方公務員ですので、数年すれば人事異動で福祉とは関係ない部署も含めて広く異動することになります。

いずれにせよ、自治体の福祉事務所には、様々な課題を抱えた人・家族が来訪します。当事者の気持ちに寄り添うとともに、時に暴言や暴力を受けるリスクも抱えながら対応するわけです。行政窓口としての責任感と使命感が必要な、大変な仕事だと思います。

【介護福祉士（国家資格）】

介護福祉士は、高齢者福祉・障害者福祉の分野で活動する、介護に関わるブルーカラー職のリーダー、とりまとめ役です。当事者の病状や体調、介護認定の度合いなどと照らし合わせて、介護の内容・対応を考えます。従って、病気や障害と必要な介護をマッチングさせる専門知識を有しています。施設であれば、入所している当事者への対応が適切であるかを確認・指導し、在宅ケアであれば、ホームヘルパー等の対応が適切であるか、現場でトラブルが起きていないかを確認する仕事です。のちほど詳述するとおり、介護サービスの種類は多種に及ぶため、種類によって求められるスキルが異なります。現場での経験の蓄積が勝負所です。

【ケアマネージャー（都道府県ごとの試験により合格者が登録）】

ケアマネージャーは、国家資格ではなく、都道府県ごとの試験により合格者が登録する仕組みで、高齢者等の介護サービスの全体的なプランを判断する人たちです。例えば、週何回ヘルパーの訪問を利用するか、どのくらいの頻度でデイサービスを利用するか、時に医療受診の必要性も判断しながら、介護サービスの利用契約の支援をする業務を担います。また、定期的に対象者の家庭訪問を行い、現在の介護や支援が適切か適宜モニタリングし、家庭生活の様子を確認し、安心できる在宅介護生活の方法を考える大切な役割を果たします。

そして、ケアマネージャーの非常に重要な任務として、高齢者の寝たきり・認知症などによる要介護レベルを判断する（最初の認定調査を行う）というものがあります。項目に応じて当事者の様子を見極めて、全国統一の調査票に記入するのですが、その聞き取りの際に、相手の生活状況を正確に判断する必要があります。この調査票や医師からの意見書をもとに第一次審査、介護認定審査会での二次審査・判定、つまり要介護認定がなされサービス量が規定されますので、個々の家庭にとってはケアマネージャーとの信頼関係は大切です。

ケアマネージャーの活躍する場所としては、市役所の介護相談窓口、社会福祉協議会などで開設している地域包括支援センター、個々の介護福祉施設、介護用具の販売やレンタルの会社等があります。

【保健師（国家資格）】

保健師は、身体的・精神的な健康のために必要な医学的知識を持ち、保健指導を行う立場です。医療や健康に関する専門知識を持ち、当事者の心身の健康状況を判断する役割を果たします。官民を超えて多数の組織に所属していますが、公務員として保健所で働く人たちが圧倒的に多いです。その場合は、福祉職という分類ではなく、医師や薬剤師とともに医療職という分類になっています。保健所における保健師は、健康診断の実施、栄養指導や生活習慣病予防などの普及啓発、精神保健に関わる支援・相談対応、母子保健（新生児から就学前の児童までの定期検診や予防接種、母親の育児相談対応）

等を担います。

また、福祉関係者と同様に、家庭訪問を行うなどケースワークも担っています。病気や障害を抱えた人（身体障害や精神障害など）は、福祉対応だけでなく健康面の相談に乗ることも必要ですし、不衛生な状況で暮らす人の場合は、健康状態・栄養状態などの確認も必要です。また、子どもの成長状態を確認するためにも、要支援家庭や児童虐待の通報を受けた家庭などへ訪問します。

【精神保健福祉士（国家資格）】

精神保健福祉士は、精神障害・精神疾患を抱える人々の相談支援を行うための国家資格です。民間の精神科病院や日帰りクリニックなどで数多くの精神保健福祉士が働いており、公的な相談窓口では、精神に障害や病気を抱える当事者の生活支援・社会復帰を考える立場です。精神障害者や精神疾患の人々が通う作業所での支援員という仕事もあります。

精神科医と同様、彼らが仕事をする際の姿勢には特筆すべきものがあります。精神障害や精神疾患を抱えた人々に向き合うのは、一般の人々から見れば大変な作業です。しかし、精神科医や精神保健福祉士は、知識と経験を持っている上に、精神的にタフである人々も多く、正義感や同情といった情緒的な感覚ではなく、精神障害者の思考に関心を持ち冷静に分析する専門家と言えます。

【民生委員・児童委員（民間人への委嘱による特別職公務員）】

多くの人が、その名前を聞いたことはあるという「民生委員」というポジションは、とても特殊な立場です。基本的に、行政職員でもなく、有資格者でもなく、地元で暮らす一人の民間人です。とはいえ、法律上は、民生委員法と地方公務員法に基づく特別職公務員です。都道府県知事が、市町村の民生委員推薦会から推薦された人について審議の上で国に推薦し、民生委員法・児童福祉法に基づいて、厚生労働大臣が委嘱するもので、任期は三年で再任可能な立場です。特別職公務員といっても無報酬で、ただし年間数万円の活動費が支給されます。全国に、二三万人の民生委員（地区担当の民生委員は二一万人で児童委員を兼ねており、児童委員専門である主任児童委員は二万人）が地域の見守り役を引き受けてくれています。

彼らの職務は、住民の生活状態を必要に応じ適切に把握しておくこと、生活に関する相談に応じ、助言その他の援助を行うこと、福祉サービスを適切に利用するために必要な情報の提供、その他の援助を行うこと、社会福祉事業者と密接に連携し、その事業または活動を支援すること、福祉事務所その他の関係行政機関の業務に協力すること、その他、住民の福祉の増進を図るための活動を行うことと定められています。地域の中に、自立生活ができているか心配な人がいたら行政機関に報告するなど、日常生活や有事の際に支援を受けられない人がいないよう見守り訪問するのが役割です。

民生委員を担うには、課題を抱えた人々の相談に乗るなど社会的な奉仕精神が必要であり、実際、貧困世帯・障害者・高齢者・児童などを熱心に見守ってくれる人が多いと聞きます。ただし、熱意のあまり、住民の行動を逐一行政に伝える人や、逆に当事者のために行政の手厚いケアを強く求めてくる人もいて、そうなると、福祉事務所などの行政組織と民生委員の間には、時々認識の齟齬が生じることもあり得ます。他方で、その任務を果たすには時間的・精神的な負担も伴うため、今は全国各地で民生委員のなり手不足が課題になっています。

【相互の役割分担・補完関係】

ここまでの話題に関連して、関係者の相互の役割分担と補完関係について振り返っておきたいと思います。例えば、同じ社会福祉士の有資格者であっても、生活保護、高齢者福祉、障害者福祉、児童福祉のどの分野に配属されるか、どんな組織に勤務するかで、果たす役割が流動的に変わってくるのです。

生活保護の支給の判断に当たって各世帯のケースワークを行うのは、自治体の福祉事務所の社会福祉士資格を持つ公務員（あるいは社会福祉主事として任命された公務員）がメインです。しかし、高齢者福祉の場合には、個々の高齢者のケースワークを行うのが、ケアマネージャーや介護福祉士になります。また障害者福祉のうち精神保健分野では、保健師等が個々の当事者の相談対応をすることが増えます。他方、社会福祉士は、障害者福祉の分野においては、権利擁護やノーマライゼーションなどの法的・社会的な位置づけを考える業務に重点を置くことも多くなります。

つまり「この有資格者が、この業務を行う」と単純に切り分けられず、それぞれ支援が必要な相手に応じて、持っている知識や経験値の活かし方が違ってくるのです。そのため、お互いに社会的地位の上下があるという感覚はなく、それぞれの強みを活かしながら、日々当たり前のように役割分担・連絡しながら仕事をしている感覚であることが多いと聞きます。これこそが、社会福祉法における多機関・多職種連携の構造であり、包括的・重層的な支援のあり方になります。こうした感覚をつかめていないと、動物行政の担当者が社会福祉関係者との連携をしようにも面食らうことになります。

また、同じ高齢者福祉に関わる施設であっても、例えば、社会福祉法人による特別養護老人ホームと、株式会社によるケア付き高齢者住宅とでは、苦労のしどころが異なるようです。

特別養護老人ホームの場合は、要介護度が高い入所者がメインであり、信念と経験のあるベテラン職員が務めていることが多いです。日々の対応も、労力的にも大変なことが多いです。とはいえ、入所者（実際には家族）から見れば、それこそ一〇〇人待ちだったのがようやく入所させてもらえた施設ということになり、施設側は、日頃のケアに感謝される立場となることが多いようです。

他方、株式会社が経営するケア付き高齢者住宅などの場合は、介護度は低く自立した生活が送れる高齢者が入居します。何より「毎月の家賃・利用料を支払える人」しか入居しません。受け入れ側としては、肉体的な労力の負担は比較的少ないと言えます。ただし、入居者を「お客様」とみなして対応する場面も多くなり、施設の営業対応（他の事業所との競争・差別化に向けた努力）も必要になってきます。

社会福祉に関わる人々の仕事の内容、役割分担を、外部から見て理解するのが難しいのは、こうした様々なケースがあるからなのでしょう。

（4）第一種・第二種社会福祉事業（何を？）

最後に「社会福祉事業」について説明します。これは、社会福祉法に規定されている事業であり、社会福祉を目的とする事業のうち、規制と助成を通じて公明かつ適正な実施が必要とされるものを指します。社会福祉を目的とする様々な活動の中でも、法律に基づいて一定の基準を満たしていると行政が認めた活動のみが「社会福祉事業」と呼ばれることになります。

このうち、第一種社会福祉事業とは、入所者が生活の大部分をそこで過ごすような施設を経営する事業です。利用者への影響が大きく、利用者の保護のためにも安定的に経営されるべき事業として特に厳しい基準が設定されています。例えば、生活保護法に規定する救護施設の経営、児童福祉法に規定する児童養護施設の経営、老人福祉法に規定する養護老人ホーム、特別養護老人ホーム、軽費老人ホームの経営、障害者総合支援法に規定する障害者支援施設の経営等が含まれます。

この第一種社会福祉事業の経営主体は、国・地方公共団体（都道府県・市区町村・広域連合等）、社会福祉法人が原則です。その他の者が第一種社会福祉事業を経営するには、都道府県知事等の許可が必要です。また、施設による第一種社会福祉事業を経営しようとするときは、経営主体が誰であれ都道府県知事等への届出が必要であり、施設の開設・経営には常に厳しい目が注がれています。

次に、第二種社会福祉事業ですが、これは、日帰りの訪問や短期的な滞在という形式で利用する福祉サービス事業です。利用者への影響が比較的小さいため、実施主体に関する公的規制の必要性が低い事業とされ、経営主体には制限はなく、株式会社やＮＰＯ法人など届出をすることにより事業経営が可能となっています。

具体的には福祉政策の四つのジャンルにおいて、様々な事業があります。例えば、生計困難者に対して、衣食住の場や生活必需品等を与えて生活相談に応ずる事業、生活困窮者自立支援法に規定する認定生活困窮者就労訓練事業など、支援や相談の窓口や活動団体は数多くあります。それから、児童福祉法に規定する保育所の経営も、実は第二種社会福祉事業です。保育所の場合は、子どもたちを預かること、いざという事故の際には子どもの命に関わることなどから、社会的には相当に責任の重い事業ですが、あくまで訪問型の施設であるから第二種なのです。いわゆる認可保育園として認められる（第二種社会福祉事業と認められる）ためには、国が定めた基準に合わせた設備基準・職員配置が必要となり、民間の経営主体であっても、入所の申し込みは自治体が受け付け、自治体の基準に沿って入園者が選考され、保育料は自治体が定めた金額となる（保護者の収入に応じる）など、公的な基準に従って運営されねばなりません。その代わり、運営費・改修にかかる経費などの補助金を受けられるのです。まさに、規制と助成を通じて公明かつ適正な実施をすることが規定されるわけです。

そして、のちほど詳細を説明するような、老人福祉法に規定するホームヘルプ・デイサービス事業、短期入所施設などの日帰りや在宅サービス、高齢者や障害者のための福祉用具（車椅子や杖など）の貸与、身体障害者補助犬（盲導犬、介助犬、聴導犬）の訓練施設・訓練事業も第二種社会福祉事業です。施設に滞在するのが短期的であったり、逆に従業員が各家庭を訪問するスタイルであったりする限り、それは第二種社会福祉事業です。

以下に、具体的な事業を二つ紹介してみましょう。障害者福祉政策そのものを扱う章を設けていないからこそ、障害者の支援に関わる第一種、第二種事業を紹介したいと思います。

【事例　第一種社会福祉事業　独立行政法人国立重度知的障害者総合施設のぞみの園】

独立行政法人国立重度知的障害者総合施設のぞみの園は、群馬県高崎市にある知的障害者のための総合的な支援拠点です。医師、社会福祉士、介護福祉士、精神保健福祉士等、総勢三〇〇名を超える職員数で、まさに総合的な支援体制を作っています。重度の知的障害者が暮らす大規模入所施設や、短期入所等のサービス、そして知的障害や発達障害に関わる診療所を開設しており、調査研究も行っています。さらに、自立支援、農業や食品の製造販売などの就労支援、各種の相談対応も行い、発達障害のある子どものための児童発達支援センターを開設、放課後デイサービスも実施しています。

もし私が、知的障害を持つ子どもの母親であったら、こんな施設がある高崎市に移住したいと思うほどの充実した施設です。当事者とそのご家族にとって、どんなにか心強くて、有り難い施設だろうと思います。とはいえ、こうした施設に対して、地域住民の中には警戒心を持つ人もいるかもしれません。だからこそ、のぞみの園では、地域との交流も意識した活動を展開しています。敷地内に開設した「ふれあい香りガーデン」と言われる庭園を地域の人々の交流の場として開放しています。約二〇〇種類もの樹木や草花が栽培され、車いすで散策できる通路や四季折々の香る草花を植栽する花壇などを整備した広場、日本庭園を眺めながら休憩・食事ができる御休所などを作ってあります。障害者施設を身近なものに感じてもらい、地域の人々による理解や相互交流を進めるための工夫だそうです。

【事例　第二種社会福祉事業　盲導犬の訓練施設】

二つ目の事例は、盲導犬の訓練施設、日本盲導犬協会についてお話ししたいと思います。

少し話題はそれますが、私たちは身の回りの八割の情報を視覚から得ているという話を聞いたことがあります。逆に言えば、目が見えないというハンディキャップは、日常生活を送る上で最も困難な課題であると言えるのです。例えば、雑踏の新宿駅の中を、白杖をついて歩く人々がいます。でも、私たち目が見える人間は、あの雑踏の中を目をつぶって歩こうとすれば、一秒でも耐えられないと思います。つまり、目が見えないということは、どれだけ大変なことであるかと思うのです。ゼミの卒業生の社会福祉士に視覚障害者の話を聞いて以来、よほど急いでいるときでなければ、白杖の方を見かけると「お手伝いしましょうか」と声を掛けるようにしています。自分にできるほんの小さなボランティア、皆さんもちょっと調べてみて下さい。

さて、話を盲導犬に戻します。盲導犬とは、視覚障害者の日々の生活を支える犬であることは誰もが知っていると思います。関係者の思いも込めて、盲導犬の定義を試みると、視覚障害者が自尊心を持って積極的に社会生活を営めるよう、犬という知性と温かさを備えた動物が同伴し、視覚障害者の目の代わりとなって周辺の様子に応じて注意を促すパートナーシップの関係と言えると思います。ここで忘れてはならないのは、犬だけを訓練するのではなく、パートナーシップの関係を構築するということです。つまり視覚障害者も一緒に訓練を受けるということが大切です。

というわけで、盲導犬の訓練施設とは、盲導犬を育成し、視覚障害者に無償貸与し、両者を支援していく施設ということになります。譲渡してしまえば、その後の犬のＱＯＬなどを見守ることもできないので、基本的には無償貸与の方法です。この盲導犬に関する法的な規制ですが、もともとは道路交通法、道路交通法施行令において、盲導犬の存在が認知されていたのみでした。今から三〇年前、一九九二年に、国家公安委員会規則第一七号が規定され、盲導犬の訓練を目的とする法人の指定に関する規則ができました。その後二〇〇〇年に社会福祉法が改正され、第二種社会福祉事業として、訓練施設の運営が正式に社会的な位置づけを得ました。そして、多くの人が聞いたことがあるであろう、身体障害者補助犬法が二〇〇二年に成立し、障害者と身体障害者補助犬に対して、公共施設の同伴受け入れの義務が規定されたのです。

ところで、同じ身体障害者補助犬であっても、聴導犬・介助犬の場合は、犬と障害者の訓練「事業」が第二種社会福祉事業になっていますが、盲導犬の場合は、訓練「施設」という表現になっています。これは、視覚障害者の場合は泊まり込みで約一ヶ月の訓練があるからで、社会福祉事業として

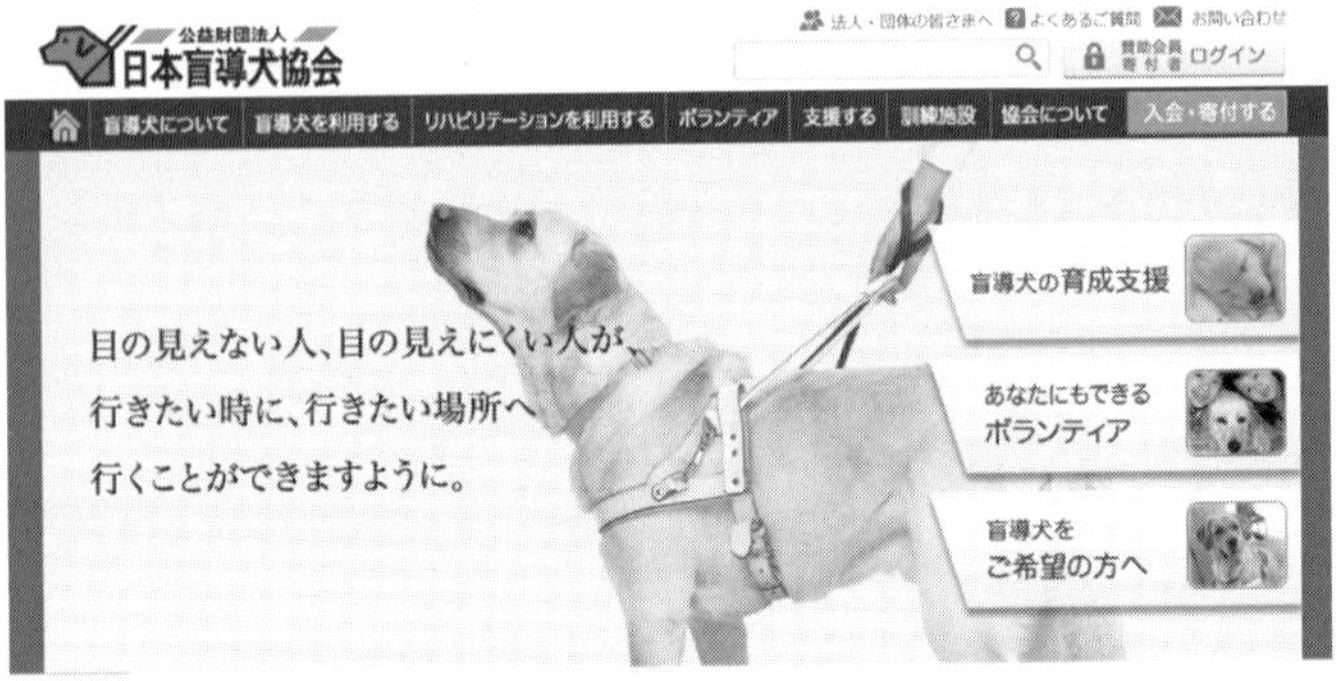

画像6－2　第2種社会福祉事業　盲導犬の訓練施設

公益財団法人　日本盲導犬協会ホームページより　https://www.moudouken.net/

訓練施設の運営が位置づけられています。

参考として、日本盲導犬協会の活動方針をホームページから紹介させていただきます。

・良質な盲導犬を1頭でも多く安定的に育成します。

・盲導犬と視覚障がいへの理解を広げていきます。

・動物福祉の精神を尊重し、盲導犬の一生に責任を持ちます。

・盲導犬の育成を科学します。

・目の不自由な方の生活の質向上に貢献します。目の不自由な方一人ひとりのニーズを理解し、生活の質を向上させるために、在宅指導等のサービスを提供します。

・国内外のパートナーシップを大切にします。盲導犬は、浄財をお寄せくださる支援者、ボランティア、獣医師、医療・福祉関係者、行政、地域住民の皆さん、世界各国の盲導犬育成団体など、多くの方々のご支援と関わりの中で育成されます。

・高い専門性を持つスタッフを養成します。

このように、盲導犬の育成事業とは、視覚障害者の社会参画に強い信念を持ち、かつ犬の能力と感性を深く信頼し、その発揮を期待し、訓練する活動であるとご理解いただけると思います。

【社会福祉事業としての責任】

高齢者福祉のホームヘルプサービス、身体障害者補助犬の育成、福祉用具の貸与、そして両親に代わって子どもを預かる保育園。いずれも非常に重要な活動であり、関係者は日々真剣に業務に取り組んでいると思います。外部から見ても、相当に大変な活動・事業だろうと想像が付くと思います。しかし、それでも社会福祉政策の分野においては、これらは「第二種」の社会福祉事業であるということに注意していただきたいのです。つまり、第一種社会福祉事業が、どれだけ重大で、どれだけ専門家の全力の対応が必要で、どれだけ当事者の命や社会的使命を背負っているかを想像していただきたいと思います。

もちろん、動物愛護管理の分野にも様々な課題があり、専門知識が必要であり、関係者の努力が必要です。でも、動物に関する問題だけを見て、「社会福祉との連携」と軽々に発言してはならないことをご理解いただけるでしょうか。人間社会の課題は、本当に複雑で深刻であるということを理解し、視野を広げていただきたいと思います。

7　生活保護・困窮者支援制度

ここでは、社会福祉政策の根幹とも言える生活保護・生活困窮者支援の制度・施策について説明します。多頭飼育問題の当事者は、経済的に困窮していてもペットを飼い続ける傾向があることは第Ⅰ部でお話ししました。つまり、ペットの多頭飼育問題を考える上で、経済的な困窮や貧困という社会問題を適切に理解しておく必要があります。

とはいえ、そもそもペットの問題とは関係なく、経済的に苦しい世帯を支えるために作られている制度について理解しておくことは、私たちの誰もが将来陥りかねない生命の危機を考える上で大切です。聞いたことはあっても、制度や現場について知らない人も多い生活保護制度や、現在のコロナ禍で、急速にクローズアップされている生活困窮者自立支援制度など、とても深刻なテーマですが、共通認識を育てるべく、しっかり勉強していきましょう。

（1）生活困窮者に対する制度の枠組み

【歴史的経緯】

貧しい人を支えるための救貧制度は、大正時代に、民間人による地域コミュニティレベルでの支え合いの仕組みとしてスタートしました。岡山県での済世顧問制度が最初の制度化で、その後、大正時代の米騒動を契機に、大阪府において貧困と飢餓に対応するために方面委員制度が導入されました。この仕組みが全国に広がり、昭和初期に全ての府県で導入されることとなります。この方面委員という名前ですが、府県の中を管轄区域に分けていた区分を「方面」といいました。つまり、地域委員というようなニュアンスです。無給の名誉職で、地域に詳しく、かつ地域からの信頼や敬意を寄せられている人がなるとされ、低所得者層の救済など地域の慈善活動を行うとされました。現在の民生委員の前身的な制度と言えます。

昭和初期には、極度の貧困により生活できない高齢者や子ども・障害者のための救護法が制定され、緊急時には救護施設に収容させる仕組みができました。

ちなみに、方面委員についても救護法についても、当時の財界を代表する渋沢栄一氏が関わっています。高齢で、病床にあって高熱を発していた渋沢栄一氏は、救護法の制定に向けて自らの足で内務大臣へ陳情に行ったそうです。また、新たに発足することになった全日本方面委員連盟の初代会長になったものの、発会式を前に息を引き取られたといいます。彼を偲んで発会式は、彼の自宅で執り行われたそうです。

その後、日中戦争から太平洋戦争にかけての国民総動員のために、国策としての方面委員制度が拡大していきました。残された家族の困窮に対処するための仕組みとなったのです。しかし、国民総動員の発想は長く続かず、戦争に敗れた日本には一気に民主化改革が押し寄せ、そこで救貧制度も大きく変わっていきます。

第二次世界大戦後、日本国憲法が制定されたことにより、民間人同士の支え合いというよりも、基本的人権としての生存権保障を国家が担う福祉政策が制度化されます。憲法第二五条に「すべて国民は、健康で文化的な最低限度の生活を営む権利を有する」「国は、すべての生活部面について社会福祉、社会保障及び公衆衛生の向上及び増進に努めなければならない」と明記され、経済的に困窮した場合にナショナル・ミニマムの基準の範囲内で支援を受けることは、国民の権利と位置づけられるようになったのです。新しい憲法のもとに、一九四八年には民生委員法が制定され、一九五〇年には生活保護法が制定されました。

【相対立する二つの視点】

ただし、国家による福祉政策には、どうしても二つの相反する視点が伴います。

一つ目は、国民の権利としての生活保護を重視する視点であり、国による生存権の保障は、憲法に明記されているナショナル・ミニマムとしての責務であるという考え方です。この考え方に則れば、貧困問題が深刻化した場合、貧困を引き起こす多様な要因に注目した手厚い支援・相談体制の充実を求める方向への主張がなされます。

しかし、国による予算、納税者の税金の有限性を重視する視点もセットになります。納税者から集めた公的予算は、ほかにも様々な政策分野に使わねばなりません。社会福祉政策に無尽蔵に使うわけにはいかないのです。となると、生活保護受給者の増加に伴う財政支出増大を懸念し、抑制を図っていくべきという方向へ議論が向かうことになります。

とはいえ福祉国家には、過去の激しい階級対立を乗り越え、国民全体のリスク共有のために構築されてきた歴史があります。累進課税制度、所得の再分配に対する国民的合意のラインを真剣に考える必要があるのです。

他方で昨今は、経済的な問題だけでは解決できない課題も増えてきています。生活習慣の立て直し、社会的コミュニケーション、教育の機会、将来への目標の確保など、精神的な側面を加味した多面的な支援なくして、貧困の問題を解決できないと言われるようになりつつあります。以下、まずは基本的な生活保護制度について説明し、その上で、生活の困窮や社会的孤立を含めて支援する仕組みについて考えていきたいと思います。

（2）生活保護制度

【生活保護法・制度の概要】

生活保護制度は、国民に対して、健康で文化的な最低限度の生活を保障する福祉国家の基本的制度です。生活保護法の第一条には、「この法律は、日本国憲法第二十五条に規定する理念に基き、国が生活に困窮するすべての国民に対し、その困窮の程度に応じ、必要な保護を行い、その最低限度の生活を保障するとともに、その自立を助長することを目的とする」とあります。

生活保護法の対象者は、第四条「保護は、生活に困窮する者が、その利用し得る資産、能力その他あらゆるものを、その最低限度の生活の維持のために活用することを要件として行われる」とあります。資産の活用とは、預貯金、生活に利用されていない土地・家屋等があれば売却等し生活費に充てることです。能力の活用とは、働くことが可能な場合は、その能力に応じて働くことです。その他あらゆるものの活用とは、年金や手当など他の制度で給付を受けることができる場合は、それらを活用することであり、また扶養義務者の扶養、つまり親族等から援助を受けることができる場合は援助を受けるということです。それでも足りない部分を公費で補うというのが生活保護制度の基本です。

少し前に、生活保護の窓口で、親戚などに本人の経済状態等を伝えて確認する必要性があるか否かというニュースがありました。例えば、私の両親が極度の貧困で生活保護を受けていたら、そして私が一切の支援を出さないでいたならば、冷たい人だと批判を受けるだろうと思います。扶養義務者から援助を受けられるならば、その分の予算を本当に困窮している人に回せるわけですから、扶養義務者がいるならば、まずはそこにお世話になるべきというのは当然です。

しかし、もし暴力を振るう両親に育てられて、若いときに家出して、歯を食いしばって二〇年間自力で収入を得てきた女性が、どうしても不況で仕事を失った場合はどうでしょうか。自分の現状を両親には知られたくないと思うはずです。そのようなシチュエーションで生活保護の申請に行ったのに窓口で両親やご親戚に相談をしてくださいと言われたら、申請を取り下げて、自分を支えてくれない生活保護制度への憤りを持つかもしれません。

このように困窮者の置かれた状況は、本当にケースバイケースです。困窮の程度や状況に応じて必要な保護・給付を行い、自立を支援・助長していくためには、先に説明した社会福祉士や社会福祉主事が、ケースワークを真剣に行う必要があるのです。実際に、どんなパターンがあるかといえば、例えば、父親が大病で休業、母親も精神疾患、収入が不十分で、子どもが三人いて食事も不十分である家庭をどうするか、離婚なり未婚で母子世帯、景気の悪化で、母親がパートタイムの仕事を解雇された家庭をどうするか、過去の失敗で家族とは数十年音信不通、職を転々としているうちに事故で足が不自由になった高齢男性をどうするか、と少し聞いただけでも途方に暮れてしまうようなケースが、今あふれているのです。

【具体的な仕組み】

生活保護の相談・申請窓口は、福祉事務所の生活保護の担当セクションです。既に説明したとおり、自治体の福祉事務所は、社会福祉法に基づいて、一般市・東京都特別区と、都道府県（町村担当）に設置されています。そこに社会福祉主事、社会福祉士資格を有する職員が配属されて、生活保護支給の相談を受け判断を行っています。業務内容としては、各世帯に応じた保護費の決定、家庭訪問による状況把握、そして就労能力のある世帯への就労指導と、時に不正受給の有無を確認するための調査も行います。

生活保護費の支給については、幾つか原則があります。第一に、申請保護の原則で、本人や家族が自ら申請して手続きが始まります。行政側が先回りして支える仕組みではありません。このことが時々批判されますが、申請主義には経緯があり、これは後述します。第二に、必要即応の原則です。支給される内容は、家族の年齢別、性別、健康状態等実際の生活状況を考慮して、それに応じた支給内容になります。同じ人数の世帯でもサービスの内容は異なり得るし、まさにケースを見定めて対応することとされています。そして、第三に、世帯単位の原則があり、生活保護費は、世帯を単位として要否や内容を定めるものとしています。この辺りも、生活保護を受給している家庭で、福祉事務所の担当者や両親が知らない間に子どもがアルバイトなどしていると、その収入が問題になってしまうのですが、限られた公費を困窮した家庭になるべく広く届けるためには、家庭内で収入があった場合には、それを差し引かねばならなくなります。

生活を営む上で生じる費用	扶助の種類	支給内容
日常生活に必要な費用（食費・被服費・光熱費等）	生活扶助	基準額は、食費等の個人的費用、光熱水費等の世帯共通費用を合算して算出。母子世帯など特定の条件が該当する世帯には加算あり。
アパート等の家賃	住宅扶助	定められた範囲内で実費を支給
義務教育を受けるために必要な学用品費	教育扶助	定められた基準額を支給
医療サービスの費用	医療扶助	費用は直接医療機関へ支払（本人負担なし）
介護サービスの費用	介護扶助	費用は直接介護事業者へ支払（本人負担なし）
出産費用	出産扶助	定められた範囲内で実費を支給
就労に必要な技能の修得等にかかる費用	生業扶助	定められた範囲内で実費を支給
葬祭費用	葬祭扶助	定められた範囲内で実費を支給

表７－１　生活保護制度における扶助の種類

こうした場合の手続きとして、費用返還義務の手続きがあります。必要以上の保護を受けてしまったときには、その金額を返還しなければなりません。悪意を持って資産を隠していたり、本当は収入があるのを隠していたりした場合は罰則付きの対応になりますが、そうではなく費用の返還という手続きが行われることがしばしばあります。

　これらの原則に基づき、世帯の収入と、厚生労働大臣の定める基準で計算されるその世帯の構成員の状況に応じた最低生活費を比較して、収入

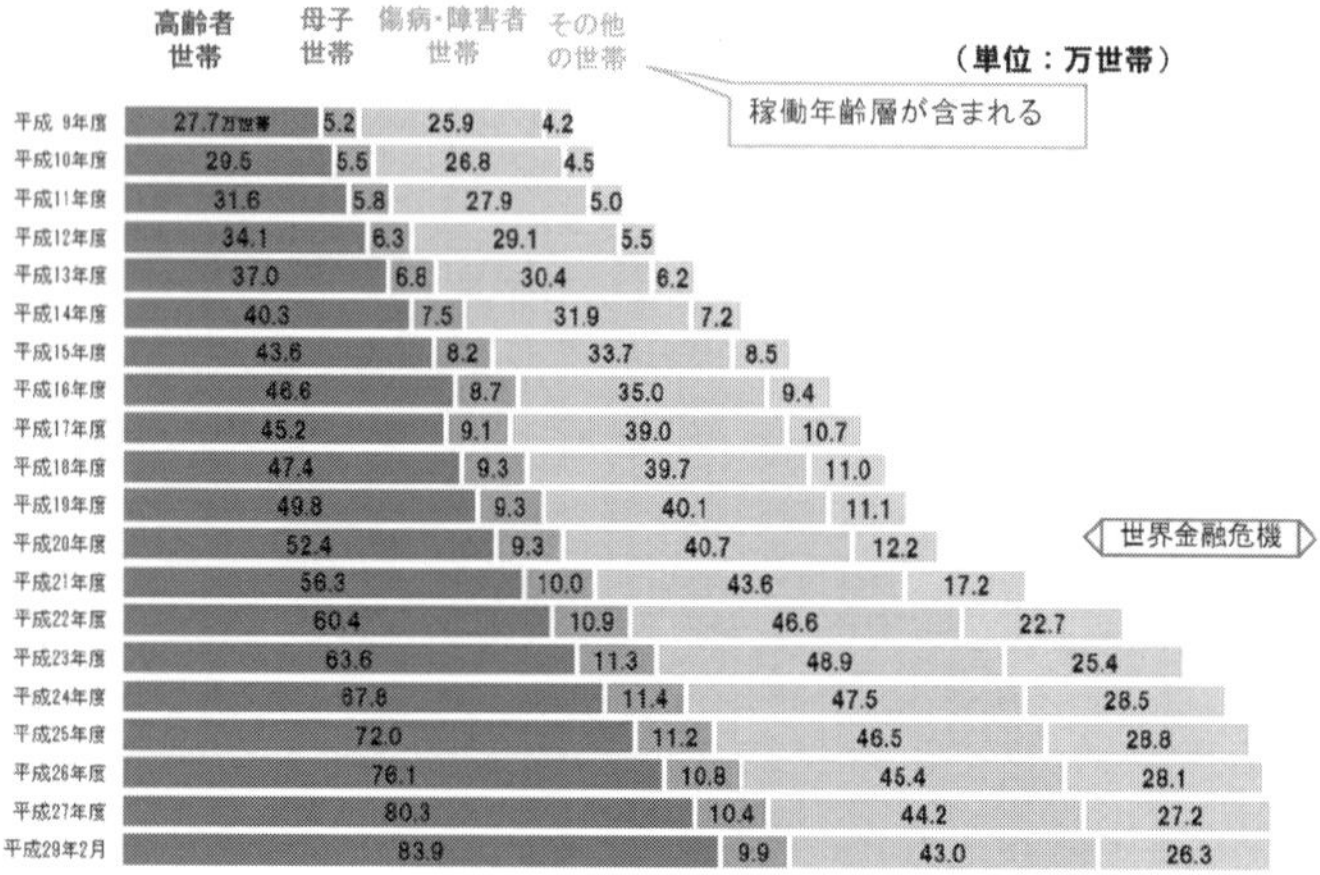

図７－１　世帯類型別の生活保護受給世帯数の推移

厚生労働省社会保障審議会資料「生活保護制度の現状について」より
https://www.mhlw.go.jp/file/05-Shingikai-12601000-Seisakutoukatsukan-Sanjikanshitsu_Shakaihoshoutantou/0000164401.pdf

が最低生活費に満たない場合に、保護が適用されます。どのような種類の項目で積算されるかは、表７－１のとおりです。

【支給状況】

現在、全国で概ね一六〇万世帯が生活保護を受給しています。生活保護受給世帯の世帯類型は、高齢者世帯、母子世帯、傷病・障害者世帯、その他の世帯の概ね四つの類型に分けて判断されています。類型に応じて、支援内容や家庭訪問の頻度を判断していくのですが、四つの類型ごとの世帯数及び比率は時代とともに変化してきています。

　全国的に高齢者世帯が増加傾向にあり、また、その他の世帯が、リーマンショック後に増加傾向にあります。その他の世帯というのは、福祉事務所が、世帯の中に「稼働能力有」としている人がいるにもかかわらず、その人が定職に就かずに困窮状態にある世帯のことです。病気ではない、障害を抱えているわけでもない、でも働けないという意味です。そして、重点的に「就労による自立」を促して指導を行っても、状況が改善しないことが多いといいます。つまり、経済的問題以外に、複雑な事情・課題を抱えた世帯であることを意味しており、こうした世帯が増えていることは、単に経済的支援をする生活保護制度だけでは、困窮者の問題に対応できていないことを意味しているのです。

（3）貧困対策から自立支援へ（二〇〇〇年代以降の変遷）

【自立支援に関わる議論】

経済的支援だけでは困窮者の問題を解決できないという課題は、ずいぶん前から議論されていました。二〇〇四年に設置された厚生労働省「生活保護制度のあり方に関する専門委員会」では、従来の生活保護は、経済的な観点を重視した仕組みになっていて、自立という概念を、経済的自立＝就労＝生活保護からの脱却という観点でのみとらえていると指摘されています。そこで、「自立」の概念を幅広くとらえ、①就労による経済的自立のほか、②身体や精神の健康を回復・維持し、自ら健康・生活管理を行う日常生活の自立（例えば、身体の清潔維持、身だしなみを整える、睡眠時間や食生活をバランス良く確保する、買い物やゴミ出しをきちんと行えるようにするなど）、③社会的なつながりを回復・継続するなど社会生活における自立（例えば、挨拶をする、コミュニケーションをする、地域活動への参加ができるようにするなど）も含めて支援が必要であるという議論がなされました。

【課題の深刻化】

　こうした学識経験者や実務家の間での議論に加えて、まさに二〇一〇年代に入って日本の経済的・社会的情勢も本格的に変化し始めました。社会福祉に関わる課題も深刻化しました。

　もともとグローバリゼーションの経済競争の中、格差社会という単語が聞かれるようになっていましたが、二〇〇九年のリーマンショック後の経済悪化の中、非正規雇用者の失職・派遣切りの増加によって居住の場を失う人があふれました。就労支援とともに、住宅確保のための対策が改めてクローズアップされることになったのです。

　他方で、生活保護の対象者の増加で、財政的負担拡大への懸念の声も強まりました。生活保護の不正受給問題が注目され、バッシングも拡大していきます。芸能人等による不正受給の案件がメディアで派手に報道されて以来、受給者への偏見や自己責任論が助長されるようになりました。実際には、不正受給といっても、悪質な事案よりも、申告・修正漏れ等の事案が多く、その件数も金額も非常に少ないのです（後述します）が、生活保護の受給者の中には不正受給者が多いかのようなイメージができてしまいました。ナショナル・ミニマムを保障する発想よりも、自己責任論が広がり始めてしまったわけです。

とはいえ、貧困をめぐる問題は、大人の問題だけではすみません。子どもの貧困問題、貧困の連鎖問題も、この頃から本格的に注目されるようになりました。子どもの六人に一人が相対的貧困と言われ、食事や栄養状態が懸念されるなか、子育てにかかる資金の支援や相談体制の必要性も議論されるようになりました。また、幼い子どもだけでなく、学校に通っていても、学習支援や進学支援、引きこもりや不登校の子どもへの支援を検討する必要性が指摘されるようになりました。児童虐待にもつながりかねない子どもの生活状況がメディアで報じられ、親の経済的状況によって子どもの未来が狭められてしまうのでは気の毒だという声も広がるようになりました。

そして、いよいよ高齢化に伴う新たな社会問題が顕在化してきました。高齢者の老老介護・孤立死問題です。また、親の介護のために息子などが離職して周囲との孤立の中で暮らしていたり、あるいは中高年になって自宅に引きこもっている子どもと年老いた親の問題なども次々とメディアを賑わしていきました。こうした問題は、二〇一〇年頃から現在まで状況が改善されないまま、７０４０問題から８０５０問題へと呼称が変化し深刻化しています。

【行政体制の整備へ】

仕事を失った人々の相談を受けつつ、他方で社会に広がる自己責任論のプレッシャーを感じ、そして若い親子なり年老いた親子なりの両方の問題に向き合うなか、全国の自治体では生活保護制度の運用に関する努力とジレンマが重ねられることになりました。その様子については、柏木ハルコ『健康で文化的な最低限度の生活』（ビッグコミックスピリッツ、小学館）という漫画が、とても良い参考文献になると思います。担当者一人あたりの受給世帯数が増加し（都市部などでは一〇〇世帯となることも）、各家庭事情の多様化による状況判断の悩ましさが深化し、経済問題だけでなく、生活支援や地域社会への参加の場づくりが求められ、さらに学校との連携など多面的な対応が増えるなか、自治体福祉事務所の生活保護担当者の加重負担や不祥事などの問題も次第に明るみになってきました。

こうしたなか、経済社会のセーフティネットの再編が議論されるようになりました。厚生労働省社会保障審議会「生活困窮者の生活支援のあり方に関する特別部会」の議論を経て、二〇一二年二月「社会保障・税一体改革大綱」において新たな概念が提示されたのです。そこでは、第一のネットとして、誰もが陥りうる病気や怪我のリスクを社会全体で支える仕組みが必要とされました。具体的には、国民健康保険や介護保険などの社会保険制度、いざというときの失業手当などに関わる雇用保険制度を指しています。それから、第二のネットとして、経済的困窮が続いて生活の維持ができなくなるおそれを回避するための仕組みが必要とされ、就労支援や生活困窮者の自立支援が必要とされました。最後に第三のネットとして、国民の合意に基づく、最低限度の生活を保障する生活保護制度を配置する、この三段構成のセーフティネットの仕組みづくりが議論されました。当時は、第二のセーフティネットに該当する仕組みが不十分で、そのための法制度論議が始まりました。

ところが、二〇一二年一二月の衆議院総選挙による政権交代に伴い、多様な論点がまぜこぜになっていきます。それまでの政権は、リーマンショックや東日本大震災等による経済的不況を前提に仕組みづくりを議論していました。しかし、新たな政権は、景気回復を前提に、ただし社会の格差拡大にどう対処するかという考え方で議論しました。それでも法制度化の議論は進み、社会参加と自立の促進、貧困の連鎖の防止、生活保護給付の適正化、自治体業務の軽減という看板を掲げて、生活困窮者自立支援法が制定されました（二〇一四年一二月成立、二〇一五年四月施行）。

（4）生活困窮者自立支援制度

【制度の概要】

生活困窮者自立支援制度は、生活保護に至る前段階で、自立支援策の強化を図る仕組みです。つまり、経済的に困窮し、最低限度の生活を維持することができなくなる「おそれのある人」を「期限を定めて」支援します。例えば、派遣切りや解雇になった後に、再就職ができないまま僅かな貯金で暮らしている人、親の介護のために離職し、その後フルタイムでの仕事ができずに今後の生計が心配だという人、シングルマザーで昼夜を通じて働いてきたが、子どもの将来のための貯金ができないという人、いじめで学校を中退し、就職もできず実家で引きこもりになり社会復帰ができない人、アルコール中毒、ギャンブル中毒の家族がいて、家計が管理できず借金がかさんでいる人、そして、本書との関係で言えば、野良猫を次々と自宅に保護するも、不妊去勢手術できず数が急増して不衛生な生活を送っている人などです。

この法律では、地域における福祉、就労、教育、住宅その他の生活困窮者に対する支援に関する業務を行う関係機関や民間団体が、緊密な連携のもとに包括的に支援することが規定されています。そして、都道府県や市などが、こうした関係者を集める「支援会議」を設置（第九条）し、そこで生活困窮者に対する自立の支援を図るために必要な情報交換を行い、対応策を考えることとしています。支援会議で出た情報については外部に対して守秘義務を負うものの、個人情報を関係者が共有しながら、政策分野横断的に専門職が連携して支援できるよう、個々のケースに応じた対応ができるようにと考えられた仕組みです。

生活保護制度に関して自治体の福祉事務所の負担が急拡大していたことは先に説明しました。そこで、福祉事務所の負担軽減を考慮して、生活困窮者自立支援制度による自立相談支援機関は、自治体の福祉事務所が直接担ってもいいですし、委託を通じて民間団体に窓口を設置するのも可能となっています。全国の動向を見ると、社会福祉協議会への委託が多く、ほかに社会福祉法人やＮＰＯ法人等が請け負っている県もあります。一つの県内でも、社会福祉法人やＮＰＯ法人など地域によって委託先が多様だと、何の相談窓口か少し分かりにくいかもしれません。これは都市部と農村部では法人格を持っている団体の数も違いますので、仕方のないところがあります。他方、長野県や熊本県のように、体制も名称も統一されている自治体は、一般市民にとって分かりやすいだろうと思います。

【支援の内容】

支援事業の内容は、大きく分けると、自治体ごとの必須事業と、自治体ごとの任意事業に分かれます。

自治体ごとの必須事業は、費用の四分の三を国が負担します。自立相談支援事業（支援員が相談を受けて情報提供し、必要な支援事業に関する具体的な計画を作成する）と、住居確保給付金の支給（離職に伴う社員寮からの退去や家賃を支払えない状況に対応して、家賃相当額を有期で支給する）は、この仕組みの中核となる必須事業です。住宅確保給付金は、リーマンショックのときと同様に、現在コロナ禍による失業で社員寮などを退去させられる人が増えるなかで注目されています。就職に向けた活動をすること、基本的には六ヶ月のみという限定の条件がありますが、コロナ禍を受けて最長一二ヶ月の支給が可能で、さらに終了後に、三ヶ月再支給が可能となっています。

自治体ごとの任意事業は、自治体ごとに実施するかどうかを自由に判断するものですが、それでも費用の三分の二あるいは二分の一以内を国が負担することになっています。就労準備支援事業（社会的なコミュニケーションが苦手なために、直近の就労が困難な人を対象に半年から一年間のプログラムにより、基礎能力を養いながら就労機会の提供を行う）、就労訓練事業（長期離職者やニート・引きこもり、精神疾患を抱える人など直ちに一般就労することが難しい人のために、個別の作業機会や就労訓練を行う事業者側を支援するもの）、一時生活支援事業（住居がない、ネットカフェ等の不安定な住居形態にある人を対象に、一定期間、宿泊場所や衣食を提供し、就労支援などの自立支援も行うもの）、家計改善支援事業（相談者が自ら家計を管理できるように、家計状況を整理して助言するもので、家賃や税金・公共料金の滞納をしないための家計簿づくりや、多重債務の整理などを行う）、生活困窮世帯の子どもの学習支援事業（学習支援をはじめ、日常的な生活習慣を身につけ、仲間と出会い活動ができる居場所づくりを行い、さらに進学に関する支援、高校進学者の中退防止に関する支援を行う）などがあります。

（5）生活保護・自立支援に関わる課題

ここまでの説明だけでも、情報量が多くて難しい内容であったと思います。でも、福祉関係者が常に向き合っている課題を知らなければ、ペットの多頭飼育問題で多機関・多職種連携といっても、うわべだけの連携になってしまいます。困窮者支援に関しては、ここから説明する現状と課題こそが重要です。五つの論点を提示してみましょう。

【困窮者を救えているか？】

これは、生活保護制度を利用可能な苦しい経済状況であるにもかかわらず、保護を受けていない人々の問題です。生活保護の利用率とは、全世帯のうち生活保護制度を利用している世帯の比率を指しますが、この一〇年ほど、日本では生活保護受給世帯は一・六〜一・七％であり、ヨーロッパ諸国に比べると低いと言われています。もちろん制度の位置づけも支給額も違うでしょうし、景気動向によって変動するので簡単には比較できませんが、これだけ格差社会という議論がされているなかで、生活保護の受給世帯がごく少数であるということはお分かりいただけると思います。

また、生活保護の捕捉率という概念があります。生活保護が必要な状況にある世帯のうち実際に保護を利用している世帯の比率で、日本では一五～一八％と言われています。しかし、ヨーロッパ先進諸国では、五〇～九〇％と算定されており、これもまた日本は困窮者を救えていないと指摘されるところです。

これに関連して、少し前に、コロナ禍での非正規雇用の女性の生活苦について寄稿がありました。『信濃毎日新聞』二〇二一年五月一九日の「視標」というコーナーで「非正規雇用　生活苦の訴え深刻」（ＮＰＯ法人ほっとプラス理事　藤田孝典さん）の記事です。以下、引用してみます。

> もともと女性の貧困は深刻だ。低賃金の非正規雇用なので預貯金も十分にはない。（中略）風俗店に勤務していた20代女性は、ほぼ収入がなくなり、埼玉県内の福祉事務所へ「生活保護の申請をしたい」と相談した。すると、「若いから仕事先を探してほしい」「親族に助けてもらって」「お付き合いしている男性はいないのか」などと言われたため、生活保護申請を断念した。（中略）
>
> これらは「水際作戦」と呼ばれている。行政が上陸させて（申請を受理して）手を差し伸べるのではなく、水際で追い返すような違法行為だとして、問題視されている。（中略）

> 各種福祉制度は、おおむね「申請主義」である。自分たちで制度を知り、申請しなければ支援してもらえない。（中略）
>
> 　簡易に支援を受けられる現金給付など、多様な生活支援が今求められている。

　困窮者の苦境に接したら、誰であっても記事を書いた藤田さんと同じ意見になると思います。「本人の責任に拠らない困窮だからこそ助ける仕組みが必要。そのためのお金を、国の制度として準備してほしい」という主張です。

　ただし、生活保護の申請主義については、説明しておきたいことがあります。既に制度の概要で触れたとおり、生活保護は、行政側が見守って支援するのではなく、本人や家族が申請してはじめて手続きが始まります。様々な煩雑な書類作成や、そもそも制度に関わる情報を把握しているかなどハードルが高いとされ、むしろ行政側が、制度に気が付かない人のために積極的にアプローチせよという声もよく聞きます。

　しかし、申請主義という仕組みは、何も行政の怠慢を意味しているわけではありません。むしろ、もともと国民の「権利」として導入されたものです。それ以前は、行政が恩情的な措置として判断するまで、本人から苦境を申し出ることができなかった歴史があります。また、低所得世帯全てに行政自らがアプローチしていくことを原則にすれば、福祉事務所の業務は急増します。既に一〇〇件近くの世帯の相談や指導対応をしている担当者に、さらに地域をくまなく歩いて自ら困っている人を発見し、手続きの準備をせよというのは幾ら何でも不可能です。そこはやはり困窮者自ら手続きをする努力をすべきですし、その窓口につなぐためにこそ民生委員やＮＰＯ法人などの存在があると思います。

【生活保護をめぐる偏見とバッシング】

　セーフティネットからこぼれ落ちる人々へのアウトリーチは必要です。ただし、それだけの予算を確保できるのかという問題も重要です。また、手続きを簡略化して容易に現金給付するやり方を認めれば、そこには必ずモラルハザードが発生します。つまり、困窮の度合いを確認する手続きなくして、生活保護制度は成り立ちません。「誰だって自分で自立して働きたいのに、それができないのが問題なのだから性悪説で困窮者を見るな」という反論もあるかもしれませんが、世の中には、働かずして現金が得られるなら、それに甘んじてしまう人、それを悪用する人も出てくるもので、そうなると、結果として生活保護の受給者に対する偏見も生じてしまいます。

　昨今、こうした生活保護の仕組みに対する偏見も問題になっています。不正受給事案があった場合の社会的なバッシングが激しいのです。その結果、生活保護を受けることを「恥」とみなす風潮や、受給者に依存心・甘え・利己主義のイメージを持つ人も出てきています。本来なら国民の権利であるはずの仕組みなのに、偏見が広がれば、自治体側の財政悪化時には、利用を抑制する動きや利用者へのスティグマの強化も行われかねません。

　難しいのは、努力しても困窮する状況と、制度を悪用して依存する状況の線引きが難しいということです。二〇一二年に開かれた警察大学校警察政策研究センターのフォーラムでは、以下のような趣旨文が提示されました。

> 近年、生活保護や年金等の社会保障制度や国の補助金制度等を悪用する不正受給事犯が顕著であり、いわゆる「貧困ビジネス」として暴力団等が組織的に敢行し、資金源としている例も見られる。このような事犯は、正当な受給者に対する言われなき偏見を惹起し、また利用された受給者の貧困からの立ち直りを妨げるばかりか、国民の負担する税を財源として国民の安心感の根底を支えている社会保障・公的給付制度に対する国民の信頼を崩壊させ、ひいては治安や社会の持続的な不安定要因となりかねない。一方、これらの事犯の取締り・防止策は、国民の生存権等の侵害との誹りを受けることのないよう、制度の趣旨等を十分に踏まえ、実施機関との連携を密にして行うことが必要である。
>
> (警察政策フォーラム「不正受給事犯・貧困ビジネスの実態と対策」二〇一二年一一月二八日　主催：警察大学校　警察政策研究センターhttps://www.npa.go.jp/keidai/resources/kikan/seisaku/17_1.pdf)

困窮者のために、ただ支給しやすい仕組みを作るわけにいかないことはお分かりいただけると思います。ただし、本当の困窮と制度の悪用の線引きが難しいのであれば、素人であり外野である一般市民が、生活保護世帯について偏見やイメージで語るのは控えるべきだと思います。その判断こそ、多

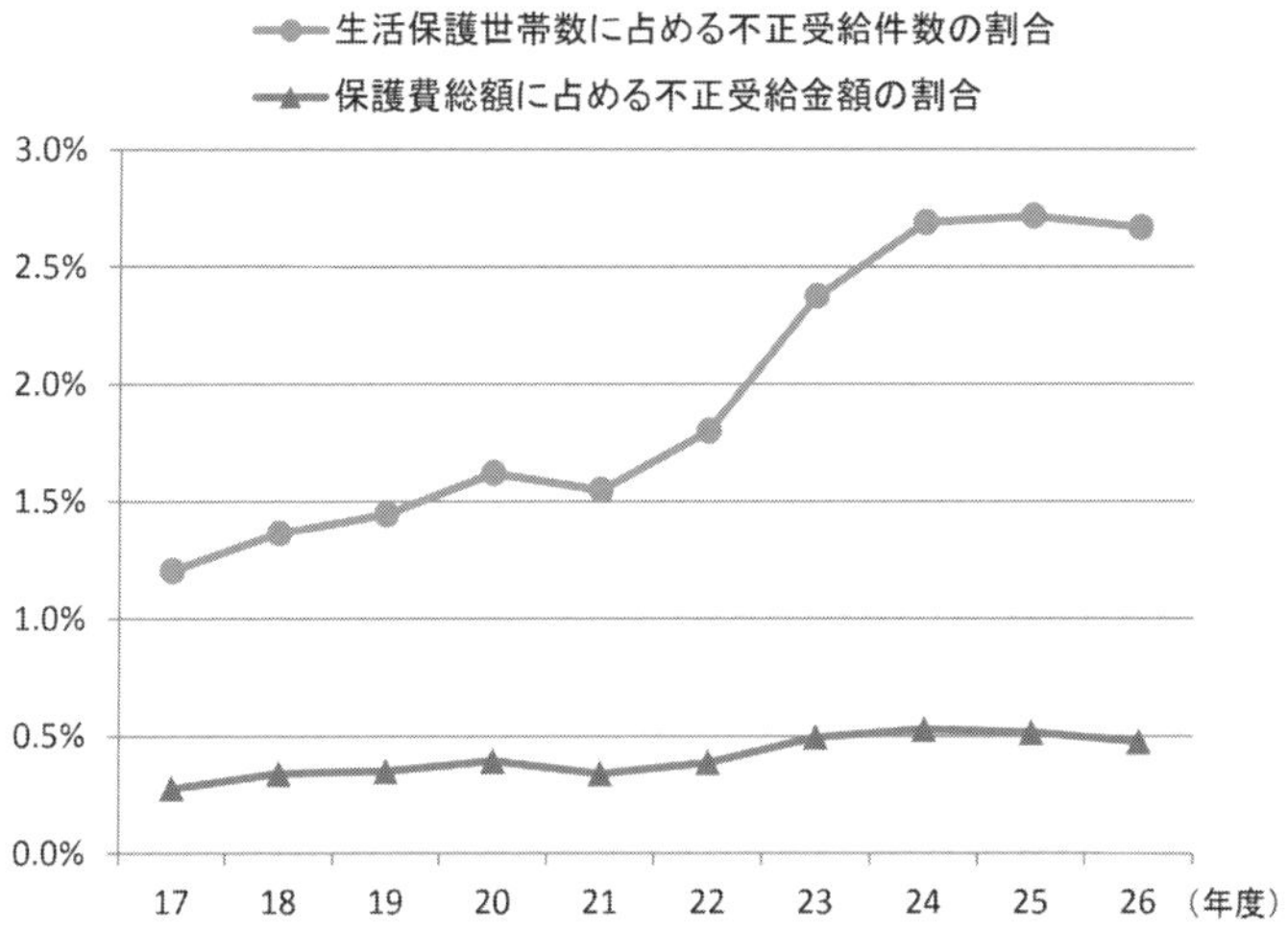

図7－2　生活保護における不正受給の状況

内閣府経済・財政一体改革推進委員会
第15回 社会保障ワーキング・グループ平成28年10月27日
資料5-2-4　説明資料—社会保障の給付と負担等の見直しについて２—（詳細資料）（財務省）
https://www5.cao.go.jp/keizai-shimon/kaigi/special/reform/wg1/281027/shiryou5-2-4.pdf

数の事案を見て経験を蓄積させてきた生活保護の担当者（社会福祉士・社会福祉主事）に任せるべきだと思うのです。むしろ、私たちが改めて考えるべきなのは、困窮者と言われる人々の厳しい生活状況と、その立場の多様性への社会的理解の必要性です。自分の人生が、大きく転落していく絶望や恐怖心、子どもや老親を抱えた焦燥感など、我が事として置き換えてリアルに想像してみて下さい。

そして、こうした問題を示すデータとして、実際の不正受給の動向について図7－2を見ていただきたいと思います。この資料は、内閣府の会議に提出するために財務省が作成したようで、不正受給の件数が急増しているかのように誇張されていますが、左側の縦軸の数字を見ると不正受給の件数は全体の一・五〜三％程度です。そして、不正受給の保護費の金額でいえば〇・三〜〇・五％程度です。つまり、制度の誤解・申告漏れのケースが多いのです。逆に、それなりに収入があるのに、ずる賢く公費の支給を受けている人物など、全体から見たらごく僅かなのです。

生活保護を受給している世帯をバッシングする、偏見を持つのは筋違いです。服装が立派に見えても、それは生活保護の受給に気が付かれたくないための精一杯の努力であって、食事などを極限まで切り詰めている可能性もあります。また、不正受給が問題であるとしても、それは日々頑張っている担当者、プロの判断に任せる視点も必要だと思います。福祉事務所で働く人たちは、相談受付や確認を続けるプロフェッショナルなのです。

【子どもの問題をどうするか？】

困窮者支援に関しては、大人の問題だけでなく、直接福祉事務所の窓口に来て苦境を訴えることのない子どもの問題も考える必要があります。貧困に加えて、児童虐待や家庭内暴力の問題、アルバイト労働などの課題を抱えている可能性があるからです。最近は、親が働いている間、高齢の祖父母の家族介護や障害を背負った兄弟姉妹の世話を子どもが担う、ヤングケアラーという問題も指摘されています。家族であれば、そうしたお世話を共有するのは間違ったことではないのですが、様々な社会的経験を通じて成長していくときに、時間的・精神的に負担の強い家庭内の作業を若い子どもたちに担わせるのは、その子の強いストレスにもなるし、将来の可能性を狭めることにもなりかねません。

むしろ、貧困世帯の子どもに対しては、安心して過ごせる居場所、十分な栄養と健康な心身、落ち着いて勉強できる場所と時間、将来の夢などを持てるためのサポートが必要です。

そのためには、福祉事務所でのやりとりだけでなく、児童相談所や学校等との役割分担・連携・情報共有が必要になります。そして行政機関だけでなく、地域住民などのコミュニティの見守りや民間団体によるフリースペース等の必要性があります。

子どもの食事、栄養確保については、学校給食を通じた栄養確保、食育の重要性が指摘されています。貧困世帯では、ファストフードやインスタント食品、菓子パンなど炭水化物と脂質がメインの食事になりがちといいます。学校給食では、主食と副菜をバランスよく食べさせることで栄養のバランスを取れますし、食事というのはこうしたものであると伝えることができます。幼い頃から、主食と副菜が揃った食事に接することがなければ、大人になっても食事の大切さが分かりません。自分に子どもができたときに、その子のための良質な食事を用意する必要性さえ分からない大人になってしまうのです。とはいえ、学校給食だけでは、一日一食、しかも夏休みや冬休み期間に耐えられません。市民や民間団体によるフードドライブや、無償あるいは安価な「子ども食堂」の大切さを多くの人が理解する必要があります。

それから、将来の進路を考えれば、貧困世帯の子どもたちへの学習支援が非常に重要です。富裕層の子どもは学習塾等で学力の向上を期待できますが、困窮世帯では、塾の月謝を払う余裕もなく、また両親によるサポートの時間も確保できないのです。昨今、住民や民間団体による無償あるいは安価な学習塾や、個別教育活動が各地に広がりつつあるのは、子どもたちの未来にとって、そして日本の社会全体にとっても大切なことだと思います。

そして、貧困世帯の子どもたちにとって、優れた大人、憧れる大人を見いだせるかも大切です。両親がお酒ばかり飲んでいる、暴力を振るう、そんな日常の中にいたら、大人になることへの希望など持てるはずがありません。様々な場面で世代を超えた交流ができる工夫が必要であり、また私たち一般市民が、子どもたちへの配慮を持って襟を正していくことも必要です。

【社会問題の深刻化と複雑さ】

既に触れたことではありますが、現在の日本においては、収入が不足しているという経済的問題だけでなく、様々な事情が複雑に絡まっていることも、大いに悩ましい課題です。

そもそも、生活困窮に陥る要因の多いストレス社会です。離婚、死別、失業、病気（身体から精神まで）、事故、詐欺、犯罪、各種の挫折など、私たちがつまずく場面は無数にあります。結婚や出産という本来明るいライフイベントさえ、人生の苦悩の引き金になり得ます。その時々で、貧困だけが課題になるのではなく、病気、高齢化、精神疾患、社会的孤立が複合的に関わってきます。そうした状況に置かれたら、誰もが周囲から見て問題とされる生活に陥りかねません。自殺、ゴミ屋敷、犬猫の多頭飼育、ホームレス、引きこもり、アルコール依存、暴力など、さほど遠からず私たちの身の回りで散見されます。また、周囲から気が付かれることのないまま、セルフネグレクトの問題も発生するようになりました。自己の食事や生活上の衛生管理、自らの医療・福祉サービスや社会的コミュニケーションの放棄・放任によって、安全・安心な暮らしができなくなる状態です。こうした問題については、経済的支援、生活支援、社会的支援の三要素のバランスが重要と言われます。

　となれば、関係する行政機関も多種多様であり、様々な専門職種の連携、重層的支援が必要になるわけです。この仕組みは、生活困窮者自立支援法だけでなく、基本法である社会福祉法にも二〇二一年改正により入れ込まれたので、あらゆる福祉的課題において重要になってきます。多頭飼育問題を考えるならば、この仕組みの中にペットをめぐる課題を入れ込んでいけるかが重要になります。社会福祉士、介護福祉士、医師、保健師、ケアマネージャー、社会福祉協議会、デイサービス施設、地域の町内会・自治会、民生委員、自治体の動物愛護部局、生活環境部局、学校・教育委員会、警察と、多様な関係者がいかにして情報共有するか、どのように役割分担するかが問われるようになってきます。

　また、行政側の多機関・多職種連携だけでなく、人々の様々な困難を草の根で支える民間活動団体の貴重さも実感する必要があります。ホームレス支援、炊き出し活動、フードドライブ、不登校児童・生徒の居場所づくり、外国人困窮者の支援など、行政として現場作業の全てをやりきれるものではありません。そうしたなか、信念を持って活動する民間団体の価値を理解する必要があります。

ここでは事例として、第二種社会福祉事業者であるＮＰＯ法人自立支援事業所ベトサダを紹介したいと思います。北海道札幌市で、一九九七年より路上生活者・生活困窮者の保護、自立支援、就労支援を実施している団体で、路上生活者に対して移動相談を行って情報提供する、また夜回り相談活動も行う団体です。活動が継続されるなか、二〇〇九年よりＮＰＯ法人化して、現在は、シェルター「生活荘ベトサダ」を運営しています。路上生活者を、生命の危機から守り、就労意欲を培うために、安心して居宅生活できる場所を提供するという活動です。入居できるのは三ヶ月以内ですが、その間に生活支援と就職活動支援を行います。それ以前の生活の問題点を関係者などで話し合い、何が本人にとって最善の支援なのかを考えるそうです。一時しのぎのシェルターではなく、自立した生活をしてもらう最初の一歩を踏み出す場所にというのが設立者や継承者の方針だそうです。ここでご紹介したいのは「ベトサダニュース」二〇二一年二月号（https://npo-bethesda .com/?p=1342）に掲載された代表理事の吉川勇也さんの挨拶文です。

> 私も初めは困窮し、ベトサダのお世話になったことからスタートします。親身に話を聞いていただき、その後、手伝ってみないかと声を掛けられ、恩返しの思いで引き受けたことを思い出します。
>
> それまで私は、人助けなどしようとも思っていませんでした。自尊心は低く、自分の存在意義などなく、誰からも必要とされていない。騙し、騙され、人は人を利用していく世の中だと思い

込み、結果的に困窮しました。（中略）
支援活動をしていく中で、自分も救われているように少しずつ感じるようになりました。
この活動を通して、私は私自身を許せるようになった、認められるようになった、それだけでも救われた。そうしているうちに自分の将来をしっかりと考えていかなければいけないと思えた時、この活動に携わり続けていきたいと改めて思ったのです。

行政の既存の仕組みだけでは対応できない課題を、地域の草の根の福祉活動が支えていることに、改めて頭が下がる思いです。

【新型コロナウイルス感染症と社会福祉協議会】

困窮に関わる課題の最後にお話ししたいのが、最新の話題です。新型コロナウイルス感染症に関連して、医療機関や保健所の大変さは日々報道されていますが、地域の草の根を支える社会福祉協議会が、かつてないほどの労力不足、業務負担の拡大に苦しんでいる様子もお伝えしておきたいと思います。

現在、コロナ禍で生活困窮に陥っている方々に提供されているのは、生活福祉資金貸付事業という仕組みです。民間の金融機関から資金を借りられない低所得世帯のための公的資金による貸付制度で、一九五五年に創設され（世帯更生資金貸付制度）、一九九〇年に生活福祉資金貸付事業と改称しました。

都道府県レベルの社会福祉協議会が実施主体であり、受付窓口自体は、市区町村の社会福祉協議会が担っています。総合支援資金、緊急小口資金、教育支援資金があります。

この仕組みは、一九九〇年代のバブル崩壊後と、二〇〇九年のリーマンショック後の経済的危機の中で、貸付数が急増しました。リーマンショックのときには、一年半で貸付決定件数が六万七〇〇〇件、三年間で二〇万件にのぼったのです。その後、二〇一五年の生活困窮者自立支援法により、自立支援相談制度と連携して運営されることになりました。とはいえ、アベノミクスで景気が回復していたなかで、貸付実績が減少する一方、償還率が低下するという問題に直面しました。景気が良くなれば、こうした借り入れをする人は減りますが、しかし返せない人は返せないという二極化の状態です。

そして現在、新型コロナウイルス感染症拡大に伴う経済悪化で特例対応が急増しています。貸付の対象世帯をこれまでの低所得世帯以外にも拡大し、休業や失業等による生活資金の工面に向けて特例貸付を実施するようになり、さらに貸付の延長や再貸付の対応も行われています。その結果、貸付に向けた市区町村社会福祉協議会での窓口対応が大変な事態になっているのです。

二〇二〇年三月からの五ヶ月間で貸付件数は一〇七万件に、一年間で貸付件数は二〇七万件になっているそうです。一件ずつ、書類の書き方の説明、要件の審査、結果の説明等が必要で、社会福祉協議会の担当者が手一杯になっている様子が全国各地から伝わってきます。既に説明した生活困窮者自立支援法による住居確保給付金に関わる相談体制と合わせて破綻しかねない状況で、社会福祉協議会の職員の心身の疲労困憊への配慮・対処が必要になっています。

『福祉新聞』の二〇二一年四月二〇日号には、生活福祉資金特例特集①「社協職員、使命感だけで」と題して、実情が語られています（https://www.fukushishimbun.co.jp/topics/25782）。今後コロナ禍が収まったとしても、経済状況は様々な要因によって不安定になり得ます。福祉担当者のバーンアウトが起きてしまったら、困窮者支援もできなくなると肝に銘じなければなりません。

> 某県社協常務のインタビュー
>
> 新型コロナに伴う特例貸し付けが始まった昨年3月以降、全国の社協は大混乱に陥り、疲弊しています。
>
> 原因の一つは、貸し付け対象を大幅に拡大したからです。本県ではアジア系外国人への貸し付け決定が約4割に上りました。特例貸付開始から約2カ月後、集団申請に来るなど窓口がパニックになったケースも。まさにこれまで日本の社会を不安定な立場の外国人が支えるという潜在化した課題が露呈したのだと思います。
>
> もう一つは人員配置のバランスの問題です。実は全国の社協に正職員は少なく、本県では半数以上が非正規の職員です。政府は特例貸付に多大な予算措置をしてくれていますが、臨時の人材だけで運営はできません。制度を熟知した職員が必要なのです。

この章の冒頭において、多頭飼育問題と経済的困窮についてお話ししました。経済的困窮に対しては、福祉事務所の生活保護担当や社会福祉協議会の担当者がキーマンです。今後、彼らと一緒に動物の問題を考えるならば、彼らの今の激務について励まし感謝する気持ちを持つべきだと思います。社会福祉の根幹は、人間の生存権を守ることであり、それが彼らの最重要の使命であることを尊重した上で、共通認識を作っていく必要があります。

8　高齢者福祉・介護保険制度

高齢者福祉・介護問題は、現在の、そして今後の日本で最も大きな課題になりつつあります。そして、多頭飼育問題におちいってしまうのは圧倒的に高齢者が多いことが指摘されています（第Ⅲ部にて詳述します）。

高齢者というのは、どうしても体力・経済力・判断力が衰えてくる年代です。体力が落ちればペットのお世話は不十分になりがちですし、経済力が落ちれば不妊去勢手術の費用を出すことをためらうようになります。判断力が衰えれば衛生面等への意識も行き届かなくなりがちです。いつの間にか、自宅が汚れて多頭飼育状態であっても「あまり気にならない」「耐えられる」、そうした生活状況に慣れてしまいがちでもあります。

こうした様子を見て、高齢者がペットを飼うことに不安を感じる動物愛好家も多いです。実際、終生飼養するためには、ペットの寿命が尽きるまで全力で飼養しなければならないという考えから、六〇歳以上の方に犬や猫の譲渡をしない自治体やボランティア団体もしばしば見られます。

他方で、高齢者が犬や猫を飼育することには、コミュニケーションの活性化という意味があると言われています。健康な高齢者であれば、ペットの存在が生きがいや心の潤いにもなることでしょう。人生一〇〇年時代、家を持ち、引っ越しや外出予定の少ない高齢者は、むしろ良い飼い主と言えるかもしれません。また、福祉施設に入所している人々の中には、犬や猫の温かさに触れたいという人も多いと聞きます。

とはいえ、高齢者がペットを飼育するのを見守る、あるいは施設自体で飼育するというのは、高齢者の医療や介護のために日々本当に心身を尽くしている福祉関係者には負担が重いと思われます。多数の人々が出入りする施設で、窓やドアの開け閉めが曖昧になれば、ペットの逸走防止からして考えねばならないわけです。入居者のお世話に加えて、さらに動物への注意喚起まで加われば、福祉関係者には時間的にも苦しいことでしょう。高齢者が、自宅なり施設なりで犬や猫と穏やかに暮らすためには、いざというときの引き受け先や、動物を適正に飼養する知識と経験のあるスタッフを定めておく必要があると思います。

高齢者による多頭飼育問題に関して、社会福祉関係者との連携を考えるなら、高齢者福祉・介護保険制度のＡＢＣは把握しておかないと、共通認識、会話が成り立ちません。というわけで、動物の話から再び完全に離れて、高齢者福祉政策、介護保険制度そのものを解説していきます。

（1）高齢者福祉政策の変遷

高齢者福祉政策の基礎を築いたのは、一九六三年制定の老人福祉法です。高齢者の権利の尊重、生活支援、社会参加、介護のための基本的な法律であって、高度経済成長期から介護保険法が施行される二〇〇〇年まで、高齢者福祉を支えた中核的法律です。第二条には、「老人は、多年にわたり社会の進展に寄与してきた者として、かつ、豊富な知識と経験を有する者として敬愛されるとともに、生きがいを持てる健全で安らかな生活を保障されるものとする」とあり、また第三条には「人は、老齢に伴って生ずる心身の変化を自覚して、常に心身の健康を保持し、又は、その知識と経験を活用して、社会的活動に参加するように努めるものとする」とあります。そして第三条二項には「老人は、その希望と能力とに応じ、適当な仕事に従事する機会その他社会的活動に参加する機会を与えられるものとする」とあるように、明確な理念を持っています。

最初の制定時には、全人口の中では少数とされる身体介護や生活支援が必要な高齢者向けに行政が対応することを定めた内容でした。次第に高齢化社会が意識されるなかで、一九八〇年代に、介護だけでなく高齢者の医療・保健政策との連携を意識した仕組みへ発展し、現在に至るまで続く在宅サービスの提供（ホームヘルプサービスやデイサービス、ショートステイなど）、高齢者福祉施設への入所（特別養護老人ホームなど）など、基本的なメニューが揃うこととなりました。

そして、一九九〇年代に入って計画的な政策運営が定められ、高齢者の医療の確保に関する法律（旧老人保健法）との組み合わせから、国レベルの高齢者保健福祉推進十カ年戦略（ゴールドプラン）が策定されました。あわせて都道府県高齢者保健福祉計画、市町村高齢者保健福祉計画も策定されることとなり、来たるべき高齢社会に備える体制が作られていきました。

この頃から、高齢者福祉の分野では、きめ細やかな対人サービスの必要性の観点から、地方分権改革を象徴する政策分野として市町村に様々な権限が移譲されました。しかし、想定以上の出生率低下、超高齢社会の到来が予想されるなか、介護に必要な財源確保や家族介護のあり方をめぐって新たな制度の創設が議論されるようになりました。そして、老人福祉法による限界を超える法制度の必要性が指摘されるようになります。ここでの議論は、現在に至るまで争点となっている重要なポイントですので、過去の法制度のことですが、少し追加して説明します。

第一に、老人福祉法時代の高齢者介護は、「措置制度」という仕組みが前提でした。これは、本人の身体的・精神的・経済的状況に応じて、行政が判断して介護サービスを提供するというものです。「措置」とは、行政が公権力に基づいて決定するもので、本人や家族が自分たちで多様なサービスを選ぶことを想定していないため、ケースバイケースの状況に対応できない仕組みであったと言われました。

第二に、行政による措置制度においては、生存権保障の観点から、どうしても貧困世帯が優先されることになります。しかし、収入の多少にかかわらず、どの家庭でも、家族介護は大きな問題になっていました。当時の在宅サービスといえば、ごく一部の富裕層が家の掃除・洗濯・お料理を任せる「お手伝いさん」の作業くらいで、身体の清拭や歯みがき、排泄の始末や入浴まで様々な身体介護を効率的に担うプロの事業者などほとんどありませんでした。身体や認知機能が衰えたら、「年寄り」は病院に長期入院させる（現在の診療報酬制度と異なって、病院側が何年でも受け入れていました）か、自宅で家族が世話するしかありません。結果として多くの場合、高齢者の介護は「嫁」「娘」の負担となりました。経済的な境遇とは関係なく、家族の介護そのものが女性にとって肉体的・精神的に非常に大きな負担となり、女性の社会進出を阻んでいたのです。確かに年老いた親の面倒を見るのは親孝行ですし、自らそうしたいという人もいるかもしれません。でも、実父母のみならず、義理の父母の世話まで、美徳の名の下に女性にばかり負担を押しつけてきた当時の日本社会は、今の若い人々にはどう見えるでしょうか。

　こうした家族介護の孤立を克服するためにも、介護保険制度では、介護を家族以外に任せる仕組み（介護の外部化・社会化）が導入されました。介護を専門の有資格者や事業者に任せ、そのサービスを購入する仕組みです。多数の事業者を育成する必要が出てきますが、行政による措置ではなく、本人や家族が、自らの状況に応じてサービス事業者と対等に購入契約をするのです。なお、この契約制度が、現在新たな課題を生じさせていますが、それはまたのちほど説明します。

　第三に、公的財源による介護サービスでは資金不足になることが明らかでした。医療の発展によって日本人全体の平均寿命が延びていましたが、他方で数多くの高齢者が寝たきりや認知症になり、対応が必要になることが見込まれました。考えてみれば、高齢化による介護とは「誰もが抱えるリスク」ですから、ならば全員が全員で互いのリスクを支えるために「掛け金＝保険料を払い合う仕組み」が必要と言われるようになりました。

こうして、現在まで続く介護保険制度が導入されることになりました（一九九七年に介護保険法が成立、二〇〇〇年より施行）。そして、老人福祉法に定められていた具体的な事業の運用方法は、全て介護保険法に任される形になりました。

（2）介護保険制度

【介護保険制度の全体像】

介護保険制度は、まさに「保険」です。多数の人が保険料を出し合い、そこに公的財源を追加し、加入者が老化に伴って様々な生活支援が必要になったときに自己負担額一～三割のみで介護サービスを利用できる制度になっています。

まず、保険者は市区町村です。よく勘違いしている人がいるのですが、保険者というのは、個々人のことではありません。加入者全体のリスク分散のために保険料を集め、必要な人への支払いを行う取りまとめ主体のことを指します。個々人の加入者のことは被保険者といいます。介護保険の場合は、各市区町村在住の四〇歳以上の被保険者が保険料を支払い、保険制度で資金をプールする仕組みに

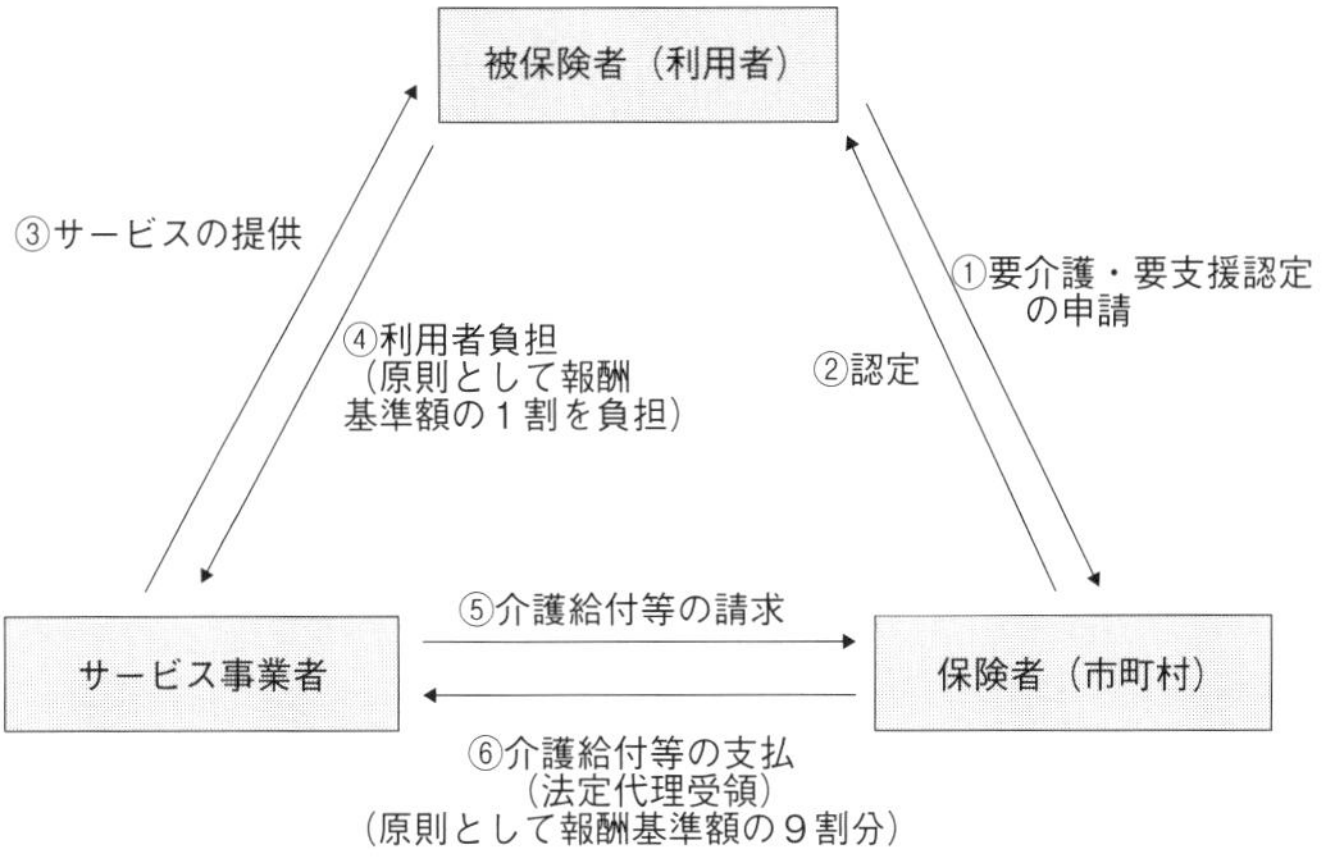

図８－１　介護保険制度の仕組み

第１回社会保障審議会後期高齢者医療の在り方に関する特別部会（2006年10月５日）資料３－２
https://www.mhlw.go.jp/shingi/2006/10/dl/s1005-4f.pdfより

なっています。そこに、国・都道府県・市区町村の公的予算を加えて介護費用を社会全体で賄うため、いざ介護が必要になった場合も、民間の事業者と契約して利用した介護サービス費用のうち、一定割合（収入に応じて一〜三割）のみを自己負担で支払い、残りは、全体の財源がサポートして支払ってくれる仕組みです。利用者から見れば、自己負担はあるにせよ、安くて助かる仕組みと言えます。

　市区町村ごとの介護保険の財源は、被保険者＝加入者の保険料の合計を五〇％として、公的財源五〇％（国二五％、都道府県一二・五％、市区町村一二・五％）が補填されます。ただし、市区町村ごとに介護保険サービスを利用する人数が違います。当たり前ですが、地域の高齢者の人数や健康状態によって介護サービスの利用量は変わるわけです。そして、介護保険サービス

被保険者の種類	介護保険サービスを利用できる条件
第一号被保険者 (65歳以上の者)	要支援（日常生活に支援が必要）・要介護（寝たきり、認知症等で介護が必要）の状態
第二号被保険者 (40～64歳の医療保険加入者)	末期がんや関節リウマチ等の老化・加齢による特定疾病（計16種類）による要支援・介護状態

表８－１　介護保険の被保険者の種類

を利用する人が増えるほど、必要な財源も増えます。プールしてある財源を目減りさせないためには、個々人の保険料を増やさざるを得ません。公的な財源で補填するといっても必要な費用の五〇%までとなっています。ですので、被保険者が事前に払う保険料は、市町村ごとに高かったり安かったり違ってきます。

保険料を納めサービスを利用する被保険者の種類には二種類あります。第一号被保険者と第二号被保険者です。介護保険の保険料は四〇歳以上の人は全て支払う義務（強制加入）があるのですが、サービスが利用できるようになるのは基本的に六五歳以上です。加齢によって介護が必要になったときに利用できるのが介護保険制度だからです。ただし、六四歳以下であっても、若年性の認知症など若くても老化や加齢に伴う特定の疾病にかかることはあり、その場合は介護保険による介護サービスの利用ができます。

六四歳以下の人の場合、特定疾病の患者に限定しているのは、例えば五〇歳の人がスキーで転んで骨折してリハビリを受ける場合は、これは老化や加齢によるものではないので普通の医療保険の対象です。介護保険で身の回りの生活の介護を受けたいというのは虫が良い話になるので、認められません。また、例えば家の片付けが苦手な人が、身体の動きが悪いから日常生活の支援をとしてホームヘルパーに介護保険を利用した家事を頼もうと虚偽申請してもいけません。いずれにせよ、次に述べる要介護認定の段階で、即座に却下となることでしょう。

【要介護認定】

介護保険制度の肝と言えるのが、要介護認定です。これは、当事者にとっての介護の必要量を、全国一律の基準に基づいて、客観的に判定する仕組みです。

まず、一次判定では、七四項目の基本調査に基づくコンピューターによる判定がなされます。ケアマネージャーが当事者の様子を見極めて、全国統一の調査票に記入します。例えば、単に、ある行為ができるかできないかを選ぶのではなく、様々な日常生活に関して実際にどのくらいの介護時間を要するか、要介護認定等基準時間に応じて、必要な介護の度合いを振り分けます。

二次判定では、保健・医療・福祉等の学識経験者により構成される介護認定審査会での判定が行われます。調査票による一次判定と主治医からの意見書をもとに判断されます。この介護認定審査会というのは、都道府県・政令市・中核市・特別区などで設置されています。一般市町村では、広域連合等、複数の市町村が合同で設置しています。

いずれにせよ、介護の必要性、予防の必要性の観点から、高齢者の状況を段階分けして介護内容を認定し、要介護５～１、要支援２・１、非該当と判断するのが要介護認定です。介護の必要性に応じ

1	左腕の麻痺はありますか	38	今の季節が分かりますか
2	右腕の麻痺はありますか	39	今いる場所が分かりますか
3	左足の麻痺はありますか	40	目的もなく動き回ることがありますか
4	右足の麻痺はありますか	41	外出すると1人では戻れないことがありますか
5	その他の部位に麻痺はありますか	42	物を盗られたなど被害的になることがありますか
6	肩は動きやすいですか	43	作り話をして周囲に言いふらすことがありますか
7	股関節は動きやすいですか	44	泣いたり、笑ったりして感情が不安定になることがありますか
8	膝は動きやすいですか	45	夜間不眠や昼夜の逆転がありますか
9	その他の関節は動きやすいですか	46	同じ話を繰り返すことがありますか
10	寝返りができますか	47	大声を出すことがありますか
11	寝た状態から上半身を起こせますか	48	助言や介護に抵抗することがありますか
12	上半身を起こして10分間程度座れますか	49	「家に帰る」などと落ち着きがないことがありますか
13	両足で10秒立てますか	50	1人で外に出たがり目が離せないことがありますか
14	5メートル程度歩けますか	51	いろいろな物を集めたり、無断で持ってくることがありますか
15	座った状態から立ち上がれますか	52	物を壊したり、衣類を破いたりすることがありますか
16	片方の足で約1秒間立てますか	53	ひどい物忘れがありますか
17	自分で体を洗っていますか	54	意味もなく独り言や独り笑いをすることがありますか
18	自分で爪切りをしていますか	55	自分勝手に行動することがありますか
19	約1メートル先にあるものが見えますか	56	話すことがまとまらず、会話にならないことがありますか
20	普通の声が聞こえますか	57	薬を正しく飲めますか
21	ベッドから車椅子などへ乗り移ることができますか	58	預金通帳や小銭の管理をしていますか
22	日常生活上、必要な場所へ移動できますか	59	毎日の暮らしのなかで自分で意思決定ができますか
23	食べ物を飲み込むことができますか	60	ご近所などの集まりに参加されますか
24	自分で食事がとれますか	61	日常の買い物はされますか
25	排尿は自分でしていますか	62	簡単な調理をされますか
26	排便は自分でしていますか	63	点滴
27	自分で歯磨きをしていますか	64	中心静脈栄養
28	自分で顔を洗っていますか	65	透析
29	自分で髪をとかし整えていますか	66	ストーマ（人工肛門）の処置
30	自分で上着の着替えをしていますか	67	酸素療法
31	自分でズボンのはき替えをしていますか	68	レスピレーター（人工呼吸器）
32	1週間にどのくらい外出していますか	69	気管切開の処置
33	何らかの方法で意思を伝えることができますか	70	疼痛の看護
34	日課を把握していますか	71	経管栄養
35	自分の生年月日や年齢を言えますか	72	モニター測定（血圧、心拍、酸素飽和度等）
36	直前のことを思い出せますか	73	じょくそうの処置
37	自分の名前を言えますか	74	カテーテル（コンドームカテーテル、留置カテーテル、ウロストーマ等）

表8－2　介護認定の一次調査項目（例として大阪府八尾市のサイトより）

大阪府八尾市ホームページより　https://www.city.yao.osaka.jp/0000028917.html

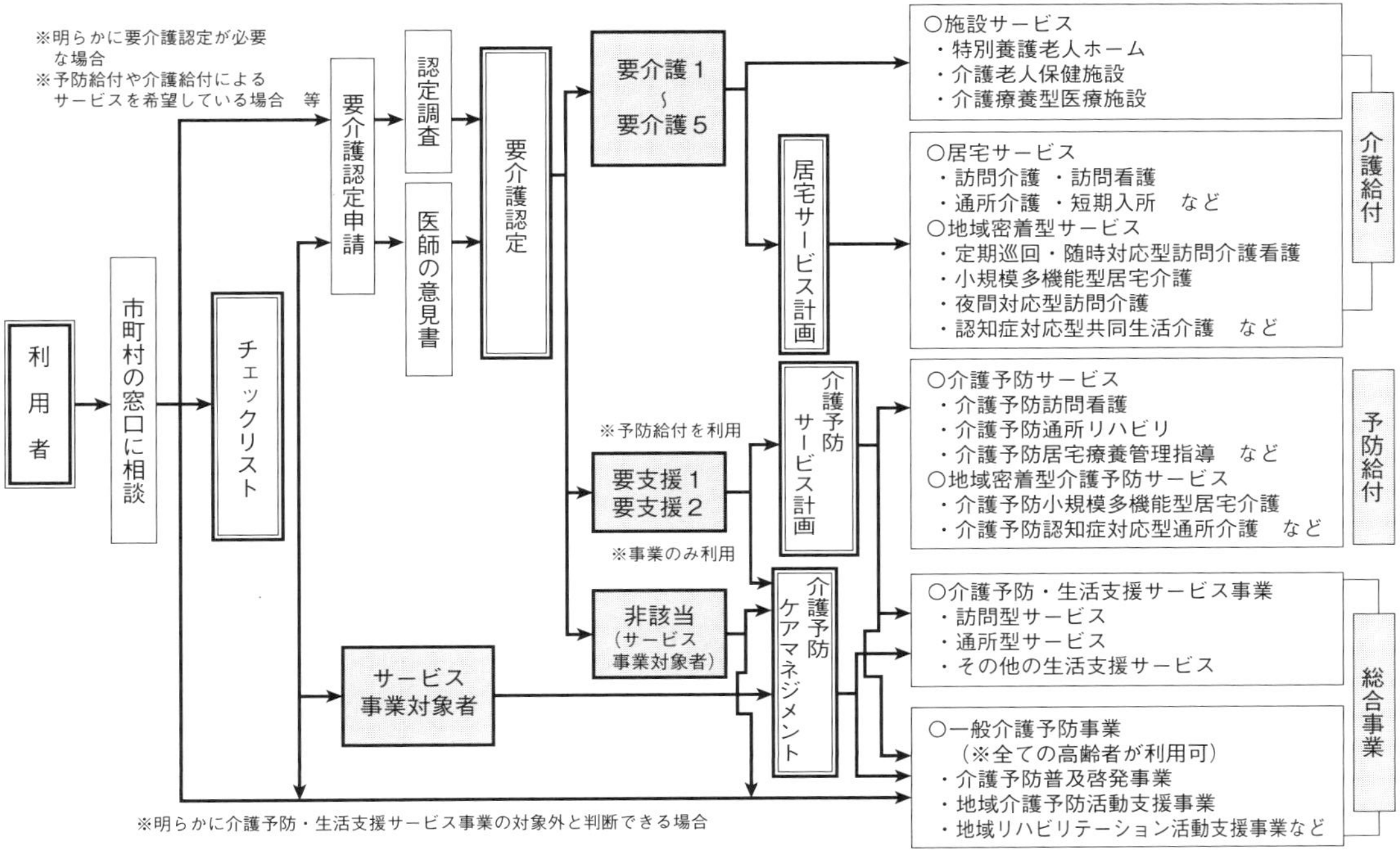

図8－2　要介護認定と介護サービス

厚生労働省老健局「公的介護保険制度の現状と今後の役割（平成30年度）」スライド17より
https://www.mhlw.go.jp/content/0000213177.pdf

て、介護給付・予防給付・総合事業を受けることになります。

介護給付というのは、要介護5から1に認定され、つまり自立生活が難しい状態の人に身体のお世話や施設への入所サービスを提供するものです。予防給付というのは、要支援2と1に認定された方が、介護が必要な状態になるのを予防するために健康チェックやリハビリを受けられるサービスで、二〇二一年時点では介護保険の財源から実施されるメニューです。総合事業というのは、まだ健康な高齢者に対して、自立生活が送れるような情報提供や地域交流の場への参加など、個々の市町村が独自に財源を確保し、独自にメニューを考える活動です。

要介護認定を受けた後、高齢者本人の収入や家族の生活状況を踏まえて、個人ごとの介護のプランを定めて利用開始となります。給付といっても生活保護制度のような現金給付ではなく、例えば、「週に二回ホームヘルプサービス、月に四回デイサービスを利用し、その費用は本人負担は一割とする」とか、「特別養護老人ホームに入所する、本人の負担は二割」とか、「福祉用具の貸与を受ける、本人負担は一割」とかが決まってくるのです。

ただし、ご家族が介護保険を利用したことがある人は分かると思うのですが、この判定のためにケアマネージャーが来たときに、高齢者の反応がぶれることが多いと言われます。家族の前ではいつもミスをするのに、ケアマネージャーの前で虚勢を張る高齢者もいます。また、後述するとおり、介護に関わる国家予算の負担拡大で、抑制気味に判定されることもあります。家族としては「もっと要介護度を高く認めてサービスを増やしてほしい」と不満を抱きがちですが、どの政策分野も予算や人員の不足は深刻な課題です。これについては、のちほど丁寧に説明します。

【介護サービスの内容】

それでは、要介護認定を受けた後、実際にはどんな介護サポート、メニューを受けられるのか全体像を説明します。

第一に、自宅で家族などが介護する方法や毎週・毎月のプランづくりの相談ができます。居宅介護支援、ケアプランの作成といいます。

第二に、居宅サービスとして、高齢者が自宅で生活するのをサポートするサービスを受けられます。基本的に自宅に来てもらって介護してもらうにせよ、時には施設に出掛けてサポートを受けたり、一時的に施設に滞在できたりするサービスもあり、それぞれ訪問型サービス、通所型サービス、短期滞在型サービスといいます。訪問型サービスには、生活援助（掃除や洗濯、買い物や調理など）、身体介護（入浴や排せつのお世話）、訪問看護（医師の指示のもと、看護師が健康チェックや療養上のケアを受ける）、訪問入浴介助（自宅に介護用の浴槽を運搬して入浴の介助を受ける）があります。通所型サービスは、いずれも日帰りで、デイサービス（食事や入浴、リハビリやレクリエーションを日帰りで受ける）と、デイケア（病院などで理学療法士、作業療法士による専門的なリハビリを受ける）があります。他者との交流や心身機能の維持が目的ならデイサービスを（福祉政策としての色合いが濃い）、健康管理やリハビリを通じた心身機能の維持・回復や日常生活の自立支援はデイケアを（保健・医療政策としての色合いが濃い）ということになります。そして、短期滞在型サービスのことを、ショートステイといいます。家族の介護負担を一時的に軽減でき、また家族が旅行するときに一緒に連れていけない場合の預かりサービスになっています。

　第三に、施設サービスがあります。専用の設備やスタッフが揃う施設に入所して介護を受けるサービスで、やはり認知症や障害などが深刻で、要介護認定でも高いレベルの対応の必要性が認められた方のためのサービスになってきます。例えば、特別養護老人ホーム（特養）や介護医療院などに入所して二四時間の介護を受ける形になります。ちなみに、介護医療院というのは、これまで説明してきた「社会福祉法人」が施設を運営するのではなく、医療法人が経営する介護施設です。病院に附属して経営される介護施設だとイメージしてもらえば良いと思います。病院や診療所とは異なって医療だけでなく介護と連携した施設です。急性期の医療は不要でも、日常的な医療のサポートが必要かつ要介護状態の高齢者が入所（入院ではない）します。例えば、容態が急に悪化して緊急手術が必要になるという状況ではないにせよ、胃ろう、カテーテル、インスリン注射、たんの吸引などの医療行為が必要な高齢者が対象です。従って、普通の介護施設と異なり、医師が常駐しており、また専門的なリハビリ施設や担当者が配置されています。ただし、日常生活の支援や入所者同士や外部のボランティアとのコミュニケーションを支援するプログラムはあまりありません。あくまで医療をベースにした介護施設で、診療報酬制度に基づく入院としてではなく、介護保険制度を用いた入所という制度的位置づけになります。

第四に、杖や車椅子、高齢者用おむつなどの福祉用具のレンタルや購入の補助も介護保険の範囲内で受けられます。また、バリアフリーのための住宅改修の補助なども受けられます。

最後に、これは介護保険サービスではないのですが、既に説明したとおり、総合事業という枠組みがあります。市町村ごとにやるかやらないか、どんなメニューを行うかは任意ですが、介護保険法では、介護予防・日常生活支援総合事業と位置づけられています。現時点では要介護認定がされず、ただし軽微な生活支援のために対応するサービスを想定しています。介護保険の財源を用いるのではなく、専門家、ＮＰＯ団体、住民等の多様な主体が参画して、地域の支え合いを推進するという運営になります。例えば、高齢者のための介護予防や居場所づくり、家族も交えた情報提供・共有の場づくり、そして栄養改善を目的とした配食（有料）や見守りなどのサービスを行う地域もあるようです。

これらの介護保険サービスの内容は、市町村ごとの介護保険事業計画（三年ごとに改定）に基づいて運営されます。そして、介護サービスを提供する介護事業者が受け取る介護報酬なども、国レベルで三年ごとに改定され、そして介護メニューが介護保険のメニューとなるか、それともそれぞれの市町村ごとの任意事業になるかも変化します。介護報酬の改定年度には大きな政治的な動きが出てきます。この辺りも後述します。

（3）認知症患者の拡大を見据えた体制づくり

　ところで、介護を必要とする人は、障害を持つ人や寝たきりになってしまった高齢者など身体の課題を抱えた方々のほかに、判断力が衰えた高齢者もいます。今、社会的に大きな課題と言われているのが認知症の患者さんです。二〇一二年で四六二万人（二〇一二年推計）だったのが、二〇二五年には七〇〇万人に達すると見込まれています。これは、六五歳以上の高齢者の五人に一人が認知症になるという予測であり、もはや誰もが関わる可能性のある身近な病気です。認知症の中核的症状としては、記憶障害、理解力・判断力の障害、見当識障害、実行機能障害等といったものがありますが、これらが複合的に組み合わされれば、自立した生活も送れなくなり、家の中が荒れたり、様々なものをため込んだり、排泄に失敗する可能性があります。さらには、自分の身の周りの生活に支障が出るだけでなく、住宅の周辺で迷子になって帰れなくなったり、詐欺などの犯罪の被害者になったりする可能性もあります。そして、スムーズな意思疎通ができなくなるからこそ、介護している家族にとって強いストレスになる可能性もあります。

　こうした状況に危機感を持って、政府の方針も進められています。二〇一二年に厚生労働省が「認知症施策推進5か年計画（オレンジプラン）」を策定しました。認知症の高齢者において重要とされる医療・介護施策を中心に、医師や看護師・介護福祉士などの専門職だけでなく、本人・家族・地域住民・その他の関係者の連携によって認知症の高齢者が安全・安心に地域で暮らせるための枠組みづくりを考えていくための方針です。さらに、三年後の二〇一五年には、厚生労働省だけでなく一一府省庁も加わった「認知症施策推進総合戦略（新オレンジプラン）」が策定されています。内閣官房、内閣府、警察庁、金融庁、消費者庁、総務省、法務省、文部科学省、農林水産省、経済産業省、国土交通省が加わって、犯罪や振り込め詐欺、高齢者の権利擁護や虐待防止、道路や鉄道などの公共交通における安全確保などが検討されています。

　この新オレンジプランに見る認知症対応の七つの柱は、以下のようになっています。関心のある人は、プランを読んでみてください。

Ⅰ　認知症への理解を深めるための普及・啓発の推進
Ⅱ　認知症の容態に応じた適時・適切な医療・介護等の提供
Ⅲ　若年性認知症施策の強化
Ⅳ　認知症の人の介護者への支援
Ⅴ　認知症の人を含む高齢者にやさしい地域づくりの推進
Ⅵ　研究開発及びその成果の普及の推進
（認知症の予防法、診断法、治療法、リハビリテーションモデル、介護モデル等）
Ⅶ　認知症の人やその家族の視点の重視

（4）高齢者福祉・介護をめぐる課題

様々な社会的背景を踏まえて構築されてきた高齢者福祉・介護保険制度ですが、今様々な深刻な課題を抱えています。以下説明する課題のうち、第一の介護保険の費用と第二の介護職員の人材確保の話題は国家的課題であり、厚生労働省が悩んでいる介護保険制度の根本的課題となります。他方、第三の地域包括支援の課題、第四の家族介護の問題、第五の介護と貧困の問題は、自治体や社会福祉協議会や専門家が現場で対応できるか実力が問われる課題です。高齢者福祉政策の持続可能性を考えるなら国レベルの課題が重要で、介護保険制度だけでは問題を解決できないことがご理解いただけると思います。他方、現場での福祉関係者との連携、ペットの多頭飼育問題を考えるに当たっては、地域レベルでの課題が重要になります。

【介護保険の総費用と介護報酬改定をめぐる問題】

介護保険制度の持続可能性を考える上で、第一に理解しておかねばならないのは、介護保険の総費用と介護報酬改定をめぐる問題です。

介護報酬というのは、介護の内容を、作業の労力や専門性、サービス時間に応じて点数化（単位）したものです。医療における診療報酬、薬価における薬価基準などと同様に、全国一律のサービス価格になるよう厚生労働省が定めています。

介護報酬は、基本的に一単位＝一〇円（ただし地域ごとの調整がある）として、介護サービス事業者の収入となります。このうち、一割から三割が利用者の自己負担で、残りの九割から七割が保険者＝市区町村から支払われます。三年ごとに利用者数やニーズ、専門家や福祉事業者側の体制整備状況に応じて改定され、最新の改定は二〇二一年四月に行われました。一つ一つのサービスに応じて細かい基準が設けられていて、それを読み解くのも大変な作業です。

例えば、居宅サービスですと、一般的なホームヘルパーによる身体介護（排泄のお世話や身体を清潔に拭く、歯みがきをするなど）は、二〇分未満なら一六七単位、二〇～三〇分だと二五〇単位です。買い物や家の片付け、洗濯などの生活支援は、スキルとしては難しいことがないので、二〇～四五分で一八三単位です。つまり、ホームヘルパーに自宅に来てもらって、三〇分は身体をきれいにしてもらい、三〇分の家事をやってもらうと、合わせて四三三単位、四三三〇円になります。収入の少ない高齢者であれば、このうち四三三円を自費で負担し、残る三八九七円を市町村の保険会計が支払い、計四三三〇円がホームヘルパーが所属する会社の収入になるという仕組みです。専門的な技術や設備、さらに三人のヘルパーを要する訪問入浴介護の場合は、一回あたり一二六〇単位ですので、一回一万二六〇〇円と換算されます。

介護福祉施設での入所サービスとなると、さらに複雑になります。例えば、特別養護老人ホーム等での介護にかかる費用・報酬は、大部屋か個室かによって違います。個室の場合は、要介護1の人は、

①65歳以上被保険者の増加

	2000年４月末		2018年４月末	
第１号被保険者数	2,165万人	⇒	3,492万人	1.6倍

②要介護（要支援）認定者の増加

	2000年４月末		2018年４月末	
認定者数	218万人	⇒	644万人	3.0倍

③サービス利用者の増加

	2000年４月		2018年４月	
在宅サービス利用者数	97万人	⇒	366万人	3.8倍
施設サービス利用者数	52万人	⇒	93万人	1.8倍
地域密着型サービス利用者数	−		84万人	
計	149万人	⇒	474万人※	3.2倍

表８－３　要介護認定者数の変化

厚生労働省老健局「公的介護保険制度の現状と今後の役割（平成30年度）」スライド３より
https://www.mhlw.go.jp/file/06-Seisakujouhou-12300000-Roukenkyoku/0000213177.pdf

一日五七三単位、要介護５の人は八四一単位です。これに、夜勤職員配置の手厚さ、看護師配置の人数、機能訓練等で単位が加算されて合計単位を決定します。

介護報酬について理解できたところで、介護の総費用の推移を見てみましょう。二〇〇〇年時点では、全国で三・六兆円でしたが、二〇一八年には一〇・八兆円になり、このままですと二〇二五年に一五兆円になるという見込みがあります。この背景には、表８－３のようにやはり高齢者数の増加と、要介護認定者数の増加が明らかに関わっています。

ここで出てくるのが、介護報酬改定のジレンマです。介護を利用する高齢者や家族から見れば、もっとサービスを利用したい、介護を提供する事業者としてはホームヘルパー等の人件費を安定的に捻出するためにもっと報酬単価を上げてほしいと考えるはずです。しかし、そうやって全国的に積み上がっていけば、その費用は一気に拡大します。国の予算、地方自治体の予算を合わせて介護保険の会計に五〇％の補塡を行っていますので、公的財源への圧迫になり、社会保障費のために増税するか、他の政策分野に回す予算を減らさざるを得なくなるわけです。

そこで、限られた予算を有効に活用するために、介護保険の報酬についても、専門的に必要なサービスと、家族などでも対応できるサービスに分けて、前者に手厚く配分するとか、あるいは新しい技術や人事シフトなどで工夫して成果を上げる事業者が有利になるように単位を設定する必要が出てきます。こうして介護事業計画策定に合わせて三年ごとに単位を見直す際に、様々な悩みが表出するのです。つまり、必要な介護職員の人材確保（サービス供給量の確保）＋事業所の経営収支確保＋国家財政の負担軽減のバランスの三点セットで、厚生労働省の老健局では頭を悩ますことになります。周囲からのプレッシャーがかかる大変な作業です。

現在、公的財政の負担拡大がもはや看過できない課題になりつつあり、二〇一五年の介護報酬改定以降、三年ごとにその報酬をどう設定するかが大きな争点になるようになりました。

まず基本的に、介護報酬に関する専門的・手厚いサービスは報酬が上がり、基本的な報酬は据え置きという傾向にあります。家族でできることは家族にやってもらうことで、公費の補塡を伴う介護サービスの利用を圧縮し、その分、事業者には、専門的なスキルを持っている人材への処遇を上げ、さらに専門的なケアのできる人材を育成してもらうためです。

また、介護給付・予防給付・総合事業の線引きも、大きな争点になります。それまでは介護保険として認められていた各種サービスが、介護保険事業から、自治体の独自事業（総合事業、地域支援事業）に変更されるようになり、さらに要支援1と2に認定された人のための予防給付も、自治体の任意事業（総合事業）へと変更することが議論されています。

そして、サービスを利用した際の自己負担についても、引き上げをせざるを得ない状況です。介護保険制度が導入された当初は、利用者が受けた介護サービス費用のうち、全ての人が一割のみを自己負担すれば良かったのですが、二〇一五年より単身世帯二八〇万円、夫婦世帯三四六万円以上の収入があれば二割負担、二〇一八年より単身世帯三四〇万円、夫婦世帯四六三万円以上の収入があれば三割負担となりました。

ところで、「認知症でペットの世話をできず清潔さを保てない」「家族同然のペットがいるからと入院や入所を拒んでいる」など、ケアマネージャーらが認知症の高齢者のペットの取り扱いをめぐって困惑する事例が増えています（「介護保険、ペットに悩む」『朝日新聞』二〇一九年一月二一日）。料理や買い物の代行などは介護保険による生活援助の対象ですが、ペットの世話はそれには含まれていないからです。しかし、介護保険制度は、ヘルパーに受けたサービスのうち本人負担は原則一割であり、つまりその九倍の金額を他の加入者から集めた保険財源と国や自治体の公的予算を補填する形で運営されています。この貴重な財源を個々人のペットの世話に支払うのは、ただでさえ財源不足の介護保険制度において認められるものではありません。二〇二一年現在の介護保険料は全国平均で月額六〇〇〇円を超えており、今後とも高齢者は増加していきます。四〇歳以上の全ての人が毎月支払う介護保険料をさらに上乗せさせるくらいならば、サービスの効率化や無駄の排除など徹底的に検討する必要があるとされています（「介護保険料　初の六〇〇〇円超」『信濃毎日新聞』二〇二一年五月一五日）。

そこで厚生労働省は、飼い主が全額自己負担で料金を支払うのであれば、訪問介護サービスに来てもらった際にペットの世話をしてもらうことも認めるという「混合介護」の方針を示しています（ただし、その事業者が第一種動物取扱業の資格を有している必要があります）。困難を抱えた飼い主と動物に対して全額自己負担とは、何となく冷たい見解に見えるかもしれませんが、ペットの世話を介護保険制度の対象に入れれば加速度的に費用が膨れ上がります。制度の持続可能性を考えれば厳しいです。飼い主には動物を世話する体力・経済力・判断力が必要であり、それが整わないならば動物を飼うべきではないと思います。

いずれにせよ、こうした介護保険の財源とサービス量との悩ましい状況について、ＮＨＫスペシャル「迫る〝介護崩壊〟新型コロナで揺れる老後」（二〇二一年五月二三日放送）では、専門家から「痛みを伴う制度改革論議は、専門家だけでなく一般市民も担うべき。保険料の負担と介護サービスの問題は、全ての国民の負担増でサービスを維持するか、それとも公的な介護サービスを縮小して自費サービスや家族が対応するか」を考えねばならないと指摘されています。

【介護職員の処遇改善と人員確保をめぐる課題】

介護保険制度の持続可能性を考える上で、もう一つ重要な課題は、介護職員の不足問題です。介護職は、肉体的・精神的負担が高い割りに給料が高くないとされ、介護職員の不足が深刻というのはよく聞くところだと思います。まさに賃金保障、労働基準の尊重、処遇改善が求められています。当然、介護報酬次第で、個々の介護職員の報酬や介護事業者（会社）の収入が変わりますので、改定時には、報酬の引き上げを求める声が事業者から上がります。

ただし、それ以外にも、介護職へのサポートが必要です。まず、専門職としての社会的認知の向上が必要です。介護は長らく家族が行うものとされてきたため専門性が低くとらえられ、処遇が低くなりがちですが、医師、看護師、薬剤師、保健師等のように、専門職としての立場を明確にして、「高い価値のある職業」と社会が認めていく必要があります。

また、介護職の労働環境の改善を真剣に考える必要があります。介護に対するネガティブなイメージ（肉体的負担やハラスメント問題など）を払拭するために、従事者のキャリア支援、職場や仕事の悩みなどの相談体制、腰痛や心身の不調等の健康対策、ハラスメント防止対応などの福利厚生のサポートも必要です。

それでも、今後の介護ニーズの爆発的な増大を考えれば、根本的な人手不足は深刻です。作業の効率化やＩＴ技術活用によるシステム化、また外国人材の活用なども注目されていますが、いずれにせよ収入の問題は重要です。介護報酬の財源である保険料を増やしてでも、人材確保のためには介護報酬全体を底上げする必要に迫られていて、ただし、その場合は、介護報酬の単位等の上昇を伴うため、一層の国家財政負担になります。高齢社会の影響は、医療費だけでなく介護費こそ如実に直結してくると言えましょう。

【多様な関係者による地域での支援をめぐる課題】

ここからは、より地域に根ざした高齢者福祉施策を展開する上での課題です。多頭飼育問題の解決に向けて、高齢の飼い主が不適正飼養している場合には、まさにこうした仕組みを知っておく必要があります。

まず、多様な関係者が連携して地域内で高齢者を支援できるかという課題があります。それを目指して二〇〇五年の介護保険法改正時から導入されたのが、地域包括ケアシステムです。地域内で、高齢者の住宅・医療・介護・予防・生活支援が一体的に提供される関係者連携のシステムのことで、市区町村の福祉事務所や社会福祉協議会はもちろん、民間の医師、看護師、介護事業者、住宅事業者、配食のボランティアや民生委員など、いろいろな立場の人が関わることとする仕組みです。高齢者の虐待防止や権利擁護に関わるために、弁護士などの法律関係者が関わっている場合もあります。

拠点となるのは地域包括支援センターです。介護保険の運用者である市町村が設置主体となり、一定の地域ごとに複数のセンターを配置する方法で、自治体から委託された社会福祉法人や社会福祉協議会、介護事業の民間企業などが運営しています。平均すると人口二〜三万人の日常生活圏域（中学校区域レベル）に一つのセンターが設置されている感じで、二〇一七年度時点で、全国に五〇二〇施設あります。昨今は、高齢者だけでなく、障害者支援の活動にも関わりを広げています。

この地域包括支援センターに求められる役割ですが、認知症・単身高齢世帯等への日常的な生活支援のために、行政組織だけでなく、ＮＰＯ団体、ボランティア、民間企業等の多様な関係者が草の根レベルで協力・情報共有するための拠点になることです。他方で、高齢者をケアするという発想だけでなく、高齢者の社会参加、元気な高齢者が介護を要する方々の生活支援の担い手として活躍する場も必要であるとされ、その拠点とも位置づけられています。

ただし、問題は、介護保険を財源としない自治体の総合事業について、地域のネットワークで支えられるかというところにあります。介護保険サービスを利用し始めた人は、もはやプロの事業者が週何回か対応してくれるわけです。しかし、そうならないための介護予防のための日常生活の支援や交流活動は、地域で支え合うのが理想的であるとはいえ、現実に機能させるのは大変です。ボランティアで交流や調整をしようという地域人材は、限られた善意の人々です。現役で働く人は本来の職業で忙しく、身内の介護を抱えていれば他人をサポートする余裕はないかもしれません。そもそも地縁関係が希薄な地域では、離れて暮らす友達との集まりを楽しみにしていても、地域内での交流に積極的に関わるとは限りません。

従って、地域包括ケアシステムが機能するかどうかは、やはり自治体や社会福祉協議会などの公式な組織体が、様々な専門職種や地域住民、高齢者をコーディネートする実力があるか、そしてそうした地域社会のつながりがあるかが問われるのです。時々テレビのご当地番組で、地域の連携ドキュメントが取り上げられることがありますが、つまりテレビ番組になるくらい成功している事例は決して多くはないのです。

【家族介護・介護者をめぐる課題】

認知症になった高齢者本人は、客観的な状況判断能力を失っている場合も多く、投薬や物品の片付けなど決められたルールを守ってくれないことがほとんどです。そして、いつどこに行ってしまうか、どんな事故を起こすか分からず、家の中のどこで何をするか分からない、そんな家族を抱えた配偶者や子どもは、強いストレスと大きな不安を抱えながら暮らしています。私自身、曾祖母や祖父の認知症の様子を間近に見てきたので、本人よりも、家族の方が数倍大変だという印象です。こうした介護をする側の経済的・肉体的・精神的負担をどう支えるかが、地域社会に求められている役割と言えるかもしれません。

ここで、少し介護サービスの内容に踏み込んで考察してみます。先に説明したとおり、身体介護は、専門知識や経験が必要であり、プロの介護サービスを利用する家庭が多いです。例として、食事介助（きちんと座っていられるとは限らない、しっかり飲み込んでくれるとは限らない人の口に食事をスプーンで流し込む）、口腔清潔（他人の口の中に歯ブラシを入れて歯みがきする）、体位交換（高齢者といっても相当の重量があり、向きを変えるのも重労働）、洗顔・洗髪（顔に水がかかるのを怖がる高齢者の顔や髪の毛を洗うのは大変）、身体の清拭（排泄物の片付けから全身の汗を拭き取るなど大変です）などは、やはり介護のプロに任せたい内容です。

他方、家事援助・生活支援であれば、家族や隣近所の住民、つまり介護の素人でも対応できます。例えば、衣類の洗濯をする、食材の買い物に行ってくる、食事の準備・片付けをする、家の掃除・片付けをする、話し相手になる……。このくらいなら、週何回と決めて対応するのは誰でもできますよね。となると、同じくホームヘルパーさんに自宅に来てもらうのであれば、そして決められた時間内で何をやってもらうかを考えたら、家事援助・生活支援は家族がやるから身体介護の方をやってもらいたいと考えますよね。

高齢者本人の年金収入などに応じて、自己負担割合も増加し、また介護報酬改定による事業の位置づけの変更で、後者の家事援助・生活支援の部分は、いずれも家族が対応することが増加しています。誰でもできる作業とはいえ、やはり介護する家族の身体的・精神的負担の急増が大きな社会問題になっているのです。

要介護４や要介護５で、施設に入所できるならば日常の介護作業は不要になります。でも、そうでない場合は、介護レベルが上がれば、事故や事件のリスクを回避するための見守りに必要な時間が増加していきます。こうした作業は、かつては妻・嫁・娘の過重な負担であったわけで、それを介護の社会化という認識を通じて、プロが介護を担うという考え方に変化してきたわけです。しかし、全体としての高齢者数の増加、要介護度の上昇、そして公的資金の限界などから、介護をフルに外部化するのが苦しくなってきたなか、現在は、介護を男性（夫・息子）が担うことも当たり前になってきています。特にまだ労働世代の息子さんが実家の両親の介護を担うとなると、職業との両立が困難になり、介護離職という事例が増えるわけです。そして、定職を持たなくなれば、社会とのつながりも途切れます。介護のストレスと相まって、虐待、自殺、引きこもり、心中という問題も出てきました。家族介護が改めて必要になりつつあるなかで、さらに生活上の問題も多様化・複雑化しているのです。

だからこそ、介護する家族に対する社会的支援が必要と言われています。老親を大切にすべきという規範と、毎日の現実のギャップで苦しむ人々の支援が必要なのです。家庭内でどういう状況にあるか、高齢者がどんな状況にあるか、医師やケアマネージャーや多様な専門職が関与し、そして何より家族自身が苦労を語る場が必要です。苛立ちや弱音、不安や愚痴を吐露できる場がなければ、ストレスは自分か介護する相手に向かってしまいます。

こうしたなか、地域の中で注目されているのが、オレンジカフェです。認知症カフェとも言われ、本人以上に家族を支える大切な場になっています。これは、医師や看護師や理学療法士などの専門職、ＮＰＯ団体、一般ボランティア、地域住民、家族など主催者の要件はなく、認知症患者や家族が集まって交流したり情報提供を受けたり支え合ったりする場です。全国各地で、自宅や商店街の空き店舗、公民館、福祉施設の食堂などで開催されるもので、昨今よく聞く「子ども食堂」の高齢者向けバージョンと言えましょう。今、コロナ禍で世帯を超えた交流が難しくなっているなか、介護をする家族の側が、オレンジカフェの再開を待ち望んでいると聞きます。天候が良いときは、青空カフェがあっても良いのかもしれません。介護する家族の側を支えられるかどうか、自治体や社会福祉協議会などのコーディネートの実力と地域社会のつながりが問われるのは、先の地域包括ケア体制の問題と同様です。

【貧困と介護　無届け介護ハウスの是非】

最後にお伝えしたいのは、しばしば介護と貧困と、そして孤立がセットであるということについてです。所得の低い単身高齢者など、介護保険の自己負担分さえも苦しく、身寄りもない高齢者は、介護が必要になった場合にどうしたら良いのでしょうか。

第Ⅱ部の冒頭で説明したとおり、第一種・第二種社会福祉事業を営むには、社会福祉法による設置基準があります。このうち、特別養護老人ホーム、介護医療院など高齢者に介護や食事などのサービスを提供する入所施設は、第一種社会福祉事業としての要件が必要で、運営主体は自治体や社会福祉法人など限られています。他方、第二種社会福祉事業としてでなく、法制度に拠らずグループハウス、グループホームという名前で運営する高齢者施設もあるのです。入居費は安価であり、一人暮らしや所得が低い高齢者が行き場をなくした場合の受け皿になっています。ただし、密度が非常に高い相部屋で、耐震基準や建物の安全性の基準を満たさない施設もあります。これらは無届け介護ハウス、無届けグループホームなどと呼ばれます。

こうした施設には、なかなか監視の目が届かないため、虐待（施錠や身体拘束）や事故や火災の恐れもあります。他方で、施設基準が整わなくても、手厚い人員等で努力する施設もあり、実態は様々といいます。全国の自治体の現地での指導により、こうした無届け介護ハウスは事業をやめるか、改善策を講じるなどして減少してきましたが、しかし、これらの無届け介護ハウスがなければ、路頭に迷うか自宅で孤立死する高齢者がいる可能性もあるわけです。

介護と貧困という複合的課題に自治体はどう向き合うか、公的財源が限られるなかで社会のもっとも底辺にいる人たちの置かれた境遇に、行政はどこまで関わるべきなのか。健康で文化的な最低限度の生活を保障するナショナル・ミニマム論と、他方で公的予算の有限性と、福祉政策の根本的なジレンマは、こうしたところに表出するのです。

（5）高齢者を取り巻く多様な課題

高齢者福祉施策の話題のラストに、補足的に、介護問題以外の様々な課題についても簡単に触れておきたいと思います。介護問題ではなくても、実際に福祉関係者は、こうした問題も常に意識して対応しているのです。

第一に、高齢者の権利擁護の問題があります。認知症の高齢者が事故や犯罪の加害者や被害者になるケースも発生しています。頼まれた作業の善悪が判断できないために犯罪の加害者になったり、車の運転時の判断が不安定になって逆走やブレーキの踏み間違えによる事故を起こしたり、時々ニュースになりますよね。逆に、特殊詐欺、リフォーム詐欺、抵抗力の弱さゆえの強盗犯罪の被害者になりやすいことは、誰もがご存じでしょう。

だから、認知症の高齢者が合理的な判断ができなくなった際の支援の仕組みが必要なのですが、まだ体制が整備されていません。高齢単身世帯が増加し、家族・親族から孤立した高齢者も増え、しかし法的な手続きを経て正式に対応する成年後見人の数は不足しています。

また、高齢者への虐待問題も、深刻です。家族による暴力・暴言、施設スタッフによる暴力・暴言・身体拘束等が社会問題になっているのです。ニュースでも、そうした事案が時々報道されて、私たちは心を痛めることが多いと思います。二〇〇五年に高齢者虐待防止法（「高齢者虐待の防止、高齢者の養護者に対する支援等に関する法律」）ができましたが、家庭でも施設でも、外部から見えにくい場所だからこそ、福祉関係者は真剣に考えねばなりません。こうした問題を発見して対処するのも福祉関係者の責務ですが、他方で、支援のストレスや苛立ちから、自分が虐待をする側になる可能性もあるのです。実は、多頭飼育者の中にも、自分の両親への暴力が課題になっている事案もありました。自分が抱えている社会的孤立の問題を、親にぶつける事案もあるわけです。

第二に、高齢者に対しては、介護が必要でなくても、つまりそれなりの自立生活を送っていたとしても、様々な見守りの必要があります。真夏時の冷房不使用による脱水・熱中症、平時からの栄養不足・医療不足など、貧困とも相まった孤立死の問題などは聞いたことがある人もいると思います。社会的に孤立している、周囲とあまり関わらない、セルフネグレクトでも本人があまり気にしない。地域の見守りの目がないと、こうした高齢者が見つけ出されません。

また、高齢者は、災害時の避難の困難さもあって、犠牲になりやすい存在です。足腰が弱まっているのは当然ですが、高齢者の住まいは、家屋が老朽化していて耐震性が不足していたり、古い暖房機を使っていたりと火災のリスクも高くなりがちです。

第三に、今、高齢者の日常的な生活支援が課題になっているとされます。既に高齢化率が高い農山村地域だけでなく、今後は都市部での問題も本格化していきます。都市部では地縁が少なく、一人暮らしなど孤立が課題になりやすいですし、高度経済成長期に作られた大規模団地では、大半が高齢者になってもバリアフリーが欠落していたりします。他方、地方都市では、大規模ショッピングセンターが郊外にできるなか、徒歩で行ける商店街や小規模スーパーの撤退により、食料品・日用品に関する買い物難民問題も発生しています。そもそも地方では、公共交通の衰退により移動が難しくなり、外出しにくくなる高齢者も多いです。これが、家族の送迎負担になっていたり、一人暮らしの高齢者の場合は、社会的孤立、認知症の進行などの問題にもつながっていたりします。若ければ自分で車を運転してどこにでも自由に行ける、若ければ階段を上って暮らせる、その当たり前のことが加齢によって厳しくなるにつれて、日常生活に壁ができやすいのも高齢者です。

こうした問題は、二〇代から三〇代にかけての若い人から見れば、あまり関心を持てないかもしれません。しかし、子育てが一段落した後は、高齢になった両親の問題に直結してくるものです。自分が高齢者になる日は遠くても、誰にでも必ず降りかかってくる課題として、覚悟しておいた方が良いと思います。

9　社会福祉政策を振り返る

それでは、ここで社会福祉政策について振り返ってみましょう。
社会福祉政策の定義とは、「安定した収入や安全な家庭の欠落、身体的・精神的課題などの面から、日常的・社会的に自立生活を送るのが難しい立場にある人々に、憲法で明記された生存権を保障し、地域社会の中で安心して暮らせるようにするための相談対応・介護・支援を行う政策」であります。そして、そのターゲットに応じて、生活保護・困窮者支援、高齢者福祉、障害者福祉、児童福祉の四つのジャンルに分けられています。ただし、現代社会において、人々が背負う課題は複雑です。この四つに整然と課題が分けられるわけではありません。

また、社会福祉政策においては、自助・互助・共助・公助のせめぎ合いも悩ましいところです。本人と家族だけで、あるいは親族や近隣住民の手助けがあっても、貧困や社会的孤立、様々な障害、生活に関わる資金の問題を乗り越えられるとは限りません。つまり、誰もがリスクを抱えているならば、そのリスクを国全体で配分する仕組みが必要で、ナショナル・ミニマムの保障＝公助は重要です。ただし、その源泉が国民の税金であることを思えば、福祉政策の財政的限界のバランスをどう考えるかも悩ましいです。また、行政対応の画一性に照らせば、家族・友人・地域社会によるきめ細やかな対応も必要です。やはり、自助や、互助・共助も必須なのです。このさじ加減も、状況次第です。

こうしたなかで、福祉政策への視点として、人生における様々なリスクは自分にも降りかかり得るということを肝に銘じておくべきと思います。順調な生活を営んでいても、事故・病気・加齢・様々な挫折を通じて状況は変わります。他人事ではなく、自分が当事者であることを思い描いて、真剣に考えるべき政策分野なのです。これは既に述べたとおりです。

ただし、福祉政策を考えるときに、我が事として考えるだけでなく、自分よりも弱い立場にある人々、様々な困難を背負った人々に本気で向き合えるか、という視点も問われます。自分事としてとらえるだけでなく、他者に対する度量も問われるわけです。自分が恵まれた立場であってもなお、他者に対する思いやりや、そして何より自分が恩恵を受けるとは限らない税負担への理解を持ち続けられるかが問われるわけです。自分の人生において何に価値を見いだし、どのような生き方をするのかを考えさせてくれるのが、福祉政策と言えるかもしれません。

以上、社会福祉政策、部分的とはいえ勉強してみていかがだったでしょうか。

考えてみれば、私たちが、離れて暮らす両親が元気であると信じて仕事ができるのも、自治体の施策や社会福祉協議会による地域の見守りや人々の交流が基本的に存在しているからですよね。今後もし自分が困窮したときに「明日食べるパンを盗む」のではなく「行政に相談する」という選択肢があることを何となく理解しているのも、社会福祉政策と、そのために尽力する福祉関係者が存在しているからです。彼らが社会を支えてくれている力は、私たちが意識しているよりも、ずっと大きいと思います。

ところで、テレビを見れば　国民の代表者として振る舞う大臣や国会議員の記者会見、憧れの素敵な女優さんのドラマ、老若男女から大人気のお笑い芸人のトーク、コロナ禍でもニーズをつかんで成功した企業の社長のドキュメントが流れてきます。経済的・社会的に成功した人たちが世の中を引っ張っていっているように思えて、自分もその中に居場所がないかと探してしまうものです。特に若い人たちは、自分の人生を少しでも高いところに持っていきたいと頑張っていると思います。

しかし、実は、大臣や国会議員も、三〇代を迎えた息子さんや娘さんが自宅に引きこもって悩んでいるかもしれません。素敵な女優さんも、子どもの頃に虐待や貧困で苦しんでいたかもしれません。お笑いタレントの両親が、実は認知症を患って介護が大変な状況であるかもしれません。そして、社長さんの奥様が、交通事故に遭って半身不随になってしまっているかもしれません。つまり、成功している人々であっても、社会福祉の関係者に支えられているかもしれないのです。

確かに、様々な分野での成功者は、経済社会をリードする存在であると思います。特に若い人が少しでも勝ち組になりたい、収入を得て社会的注目を浴びたい、周りよりも恵まれた立場でいたいという競争心を持って仕事に励むことも大切です。そもそも、福祉政策を実現するための公共の予算は、誰かの所得税や企業の法人税が原資であり、経済・景気も大事な課題なのです。

　他方で、必ずや福祉関係者が経済社会で暮らす人々を支えていることにも思いを馳せねばなりません。そう考えたとき、実は社会福祉政策という分野は、大変に広大な政策分野であるとしみじみ実感しませんか。それは行政だけが担うものでもなく、時にビジネス・事業の場でもあり、そして世間の人情、人の心を移すものでもあると思います。

　こうした社会福祉政策について知ることで、改めて人と向き合う政策について考えることができるようになります。動物政策も、動物のことだけ考えていれば解決するのではなく、やはり人と向き合わねばなりません。地域社会の課題として多頭飼育問題を考えていくには、社会福祉に関わる人々の課題や悩みを知り、それを理解した上で連携を考えるのが大切だと思います。

第Ⅲ部　社会福祉施策と連携した多頭飼育対策

ここからは「社会福祉施策と連携した多頭飼育対策」と題して、本書がその予防や解決を目的としている多頭飼育問題に再び戻っていきます。

まず、多頭飼育問題の法制度に基づく分類について、第Ⅰ部の内容を簡単に復習しましょう。

一つ目は、犬や猫の繁殖業者等（第一種動物取扱業者）による多頭飼育問題です。これは、動物を扱うプロに対する数値基準等による明示的な監視・指導による対策が必要であり、またペットを購入する消費者が、犬猫の繁殖環境について関心を持つような普及啓発が必要です。

二つ目は、一定規模を有する民間保護シェルター等（第二種動物取扱業者）による多頭飼育問題です。動物を保護したいという善意からスタートしたものの、自分の実力相応を超えてまで抱え込めば、動物や近隣にとっての迷惑行為に転落します。こうした問題には、動物をめぐる官民の役割分担によって保護活動を敢えてしすぎない抑止的な対応が必要です。

そして、本書で、社会福祉施策と連携した多頭飼育対策のターゲットとして考えているのが三つ目の類型で、一般的な飼い主や小規模な保護活動家が、適正飼養できずに多頭飼育化するパターンです。動物に対する保護感情はあるものの、適切に飼育するための判断力や経済力が欠落しており、不妊去勢手術ができないまま数が増えてしまう。そして、近隣社会での孤立や人間関係のトラブルによって相談相手がいないまま事態が推移し、周囲が気付いたときには、社会福祉の観点からも、動物愛護の観点からも、公衆衛生の観点からも放置できない状態になっているというパターンです。この場合は、飼い主の生活改善をも意識した地域課題として、多機関・多職種の連携による対応が必要です。特殊な事案としてではなく、既にどの地域にも発生している地域社会の一課題と認知して、早め早めの対応を心がけていく必要があります。

しかし、こうした一般市民による多頭飼育問題に関して、なかなか社会福祉関係者との連携が進んできませんでした。というのは、これまで多頭飼育問題は、動物の問題として認知されてきたために、飼い主への対応が後手に回ってきたからです。

飼い主がどこのどんな人であれ、ペットを飼い始めた早い段階では、人間側が抱える経済的・社会的問題についての情報、人間の暮らしに関する情報が、動物愛護部局や獣医師、保護ボランティアの耳に入ることはありません。場合によっては福祉関係者が担当している人物であったとしても、その情報が動物関係者に伝わることはありませんでした。しかし、数が多すぎて不衛生で近隣迷惑であるとか、露骨に虐待と言えるような段階になると、いきなり動物関係者のところに相談が持ち込まれることになります。これでは、動物関係者が、多頭飼育をする飼い主への非難の気持ちを持つのは当然です。事ここに至っては、多頭飼育はネグレクト飼育であり動物虐待に該当するという主張は、そのとおりであり、毅然とした対応が必要なこともあるでしょう。

とはいえ、福祉関係者との連携などを通じて、関係者が積極的に意識して予防や早期対応に力を入れれば、犠牲となる動物を発生させず、多頭飼育者に対する非難や罰則の付与とは異なる対応も可能なはずです。こうした認識が次第に広がるなか、ついに国レベルの検討会議が設置されました。二〇一九年三月に、環境省と厚生労働省が連携し、「社会福祉施策と連携した多頭飼育対策に関する検討会」が立ち上がったのです。そして、二年間の検討を経て「人、動物、地域に向き合う多頭飼育対策ガイドライン」が策定されました。

第Ⅲ部では、単にガイドラインの内容の説明をするのではなく、そこに至るまでの政策立案のプロセスを説明したいと思います。公共政策を作るのには時間が掛かるということを多くの人々に知ってほしいからです。周りを見ますと、昨今の行政バッシングは厳しいです。何かあれば行政への批判が高まり、対応が遅い、保守的だ、さらにはエリート主義で冷たいとネガティブな描かれ方をします。もちろん、公権力の行使者を批判する視点は大切で、それがあってこそ政治行政の緊張感が保たれるのですが、しかし政策を形にするというのは、一足飛びにできるものではありません。現場で活用できる政策を作るならば、多面的な議論を慎重に積み重ねてこそです。

こうしたことを皆さんにお伝えすべく、検討会設置までの経緯、そしてガイドラインのあり方を決めたとも言えるアンケートの設計など、詳細を説明したいと思います。

10　多頭飼育対策検討会設置までの経緯

(1) 政策課題としての多頭飼育問題の浮上

多頭飼育問題は、二〇年以上前から自治体職員や動物ボランティアの間では話題になってきました。環境省の中央環境審議会の動物愛護部会でも、動物虐待や不適正飼養は時折話題になってきたとおりです。しかし、具体的な解決策にまで踏み込んで、そのテーマで議論する場面はありませんでした。それが公的に対応すべき政策課題であると認識された最初のきっかけは、二〇一四年度から環境省が展開した「人と動物が幸せに暮らす社会の実現モデル事業」でありました。犬や猫の殺処分数を減らすため、毎年度二〇〜三〇のモデル自治体にテーマに応じた取り組みを推進してもらう事業で、環境省から補助金を出して成果を報告してもらうという取り組みです。環境省から設定したテーマは、所有者不明の犬猫対策、マイクロチップ等所有明示の推進、広域譲渡の推進、適正飼養の普及啓発の推進の四つでした。二〇一五年三月から進捗状況を確認・評価するための審査委員会が設定され、私はその座長に就任しました。

　その頃から、自治体が殺処分を減らす目標を掲げた場合にジレンマになるのが、一般市民による多頭飼育問題であるというご意見が寄せられるようになりました。二〇一二年の動物愛護管理法改正を通じて、適正飼養とは屋内飼養であるという認識が定着するにつれて、所有者不明の犬猫への野外での餌やりよりも、犬や猫を自宅で保護することによる屋内の問題の方が深刻になっていたのでした。こうしたことを各地の自治体職員とともに二年ほど掛けて勉強を続けました。

　ところで、例年六月下旬に、環境省による全国の動物愛護担当職員に向けた研修会が数日間連続で開催されています（現在は、コロナ禍により研修会自体が見送られています）。折しも二〇一七年度の研修会のメインテーマの一つとして、多頭飼育問題が挙げられることになりました。約一〇〇人の参加者が一〇人くらいずつに分かれて、課題の洗い出しや対応方法を検討するグループワークを行うのですが、そのときのテーマ設定が、①多頭飼育問題（多様な関係者の連携、飼い主の説得、保健所での引き取りのジレンマ）、②所有者不明猫の問題（野良猫トラブルから地域猫活動、保護活動へ）、③所有者不明犬の問題（野犬捕獲のリスク、保護や譲渡の難しさ）の三種類になったのです。そして、半数以上の参加者が多頭飼育問題をテーマに選んだのでした。多頭飼育問題の何に悩んでいるか、対策するにもどんな課題があるか、参加者が一斉に情報共有する貴重な機会になりました。

　とはいえ、この研修会からガイドラインの検討会立ち上げまで一年半以上掛かっています。というのは、二〇一七年後半頃から、動物愛護管理法全体の改正論議が本格化し、幼齢犬猫販売の八週齢規制、動物取扱業者への数値規制などの検討会が先行的に設置されたのです。また、熊本地震等の影響もあり、ペットをめぐる防災対策論も急浮上しました。時々入ってくる多頭飼育崩壊のニュースには皆さん憤りを見せるのですが、世論の関心は、どうにも長続きしません。また、多頭飼育崩壊は、ブリーダーへの業者規制のイメージとも重なり、一般市民による多頭飼育問題そのものを議論する場がなかなか設置されませんでした。しかし、この話題が、忘れ去られていたわけではありませんでした。環境省の研修会から八ヶ月後に、再び議論の場が設定されたのです。

（2）自治体動物愛護担当者の苦悩の共有

二〇一八年二月、上述の「人と動物が幸せに暮らす社会の実現モデル事業」に関連して、多頭飼育問題に関する自治体懇談会が開かれました。これは、環境省が、自治体担当者と学識経験者委員とともに意見交換する会議を設定したもので、前半で、多頭飼育対応を経験した自治体の事例発表を聞いて、後半で、自治体職員同士で意見交換するというものでした。モデル事業の審査委員会の座長でありましたので、この懇談会の議事進行とファシリテートは私が担当しました。そこでは、自治体の担当者の苦悩だけでなく、現場での工夫、そしてどうしても乗り越えられない課題について様々な意見が出されました。

ここで集まった声は、全国で多頭飼育問題に悩んでいる現場の方々（行政側もボランティア側も）には、大いに共感するところがあると思います。また、実際にガイドラインに盛り込まれた視点や対応策も多々あるので、以下、懇談会で出てきた意見を紹介します。前半は、多頭飼育問題の予防方法を念頭に議論された内容です。後半は、多頭飼育問題を発見してしまったときに、どう解決するかを念頭に議論された内容です。

【多頭飼育の予防のために】

第一に、多頭飼育の情報把握がどうなっているかという議論をしました。まず「行政側が情報を得て、早い段階で予防対応できているケースもあるが、なかには問題が大きくなって対処不能になる事案もあり、それが目立ってしまう」という声がありました。これは行政側の言い訳ではなく、ボランティア団体やＳＮＳなどに注目されなくても、地域のあちこちに課題があること、そのために見えないところで様々な対応が行われていることを意味します。他方で、ボランティアからの情報提供も大切だという声も多く、「地域猫活動のボランティアさんが、妙に子猫が増えてくる場所を見つけて情報を入れてくれることもある。地域の情報を得るためにも日常的な信頼関係が重要だ」とのことでした。なかには、本職がケアマネージャーという動物愛護推進員がいるという自治体もあって、的確な情報を提供してくれるのが有り難いという声もありました。ガイドラインにおいても、情報探知のルートは非常に重要視していまして、こうした話題は早い段階から議論されていた次第です。

第二に、保護活動ボランティアや一般市民が多頭飼育状態にならないように工夫していることはないかと聞いてみました。基本的なことですが、行政から団体譲渡をする際の注意点として、次々と動物を託さないように、前回譲渡した犬猫の新しい飼い主が見つかったか確認しているとか、無理をしないように声掛けをこまめに行っているという自治体がありました。また、犬や猫のために何かしたいというボランティアに、譲渡以外の業務や協力をお願いするという自治体もありました。可哀想という気持ちが先行する人が多いとはいえ、動物福祉を冷静に考えるボランティアの育成が大切だとして、地道に対話をし、情報提供しているとのことでした。

ちなみに、ご近所で生まれた子猫を譲り受ける方への普及啓発をすべきだという声がありました。高齢者などは、スーパーの掲示コーナーに「子猫が産まれました。ほしい方ご連絡ください」と書かれていると、そのまま譲り受けることもあり得るとのこと。つまり、ペットショップでの販売や保健所からの譲渡以外の、動物を入手するルートでの普及啓発が必要だという意見でした。

第三に、条例等による多頭飼育の届出制度について聞いてみました。しかし、届出制度については、自治体職員の皆さんは、あまり積極的ではありませんでした。「多数を飼育しているという自覚がある人は、届出制度に応じて多頭飼育を申し出てくれるけれども、問題は、届出制度があることを知らない単身高齢者などが突然入院・死亡する場合であって、そもそも届出制度があっても、多頭飼育対策に具体的にどのような効果があるのか不明だ」という声が多かったです。しかし、「届出をする必要がある状態という意識付けをさせることには意味がある」という声もありました。

そこで座長である私の方から、少し強い意見を伝えました。「各自治体で条例を定めて届出制度を作るためには、自治体の上層部や地方議員などに問題の所在を理解してもらう必要がある。逆に言えば、そういう雰囲気を作っていければ、多頭飼育問題への地域の認識を広げる契機になるのではないか」という内容です。ある自治体からは、「動物愛護に関心のある議員が増えてきているので、機会があれば話をしている」とのこと。実際に届出制度を導入するか否かの前に、地域の関係者の認識を高めることの必要性について参加者一同で納得しました。

第四に、予防のための情報提供に際し、都道府県と市町村の関係が円滑であるかを私の方から聞いてみました。獣医師職員がいるのは都道府県・政令市・中核市に設置された保健所ですが、高齢者や貧困世帯に関わる福祉部局や社会福祉協議会は市町村が中核です。都道府県・政令市・中核市・一般市町村の管轄が複雑で、相互の役割分担や方針のズレがあるなかで、連携ができているのかどうかを聞いてみたかったのです。

その場に集まったのは動物愛護管理行政の担当者、つまりほとんどが獣医師職員です。そのため、他の政策分野との連携や、ましてや市町村の組織のことなど分かっていない人が多かったです。地域の課題ということであれば、市町村にもっと積極的に関わってもらう必要があるのですが、そうしたことを強く言い出す獣医師職員も多くはありませんでした。市町村に協力を求めても、動物のことは保健所にお願いしますと言われ続けたため、彼らは市町村を巻き込むことを半ば諦めていたようです。言いたいことは多数あっても、即座に意見を出せなかったのだと思います。

それでも、ある県から、自分たちと政策的なつながりのある市町村の公衆衛生部門にお願いして、福祉部門に協力をお願いし、民生委員が各家庭を回る際に適正飼養の普及啓発チラシの配布をしていただけるよう相談しているという声がありました。

二〇一八年二月の懇談会の時点では、動物行政と福祉関係者との連携というのは、どうしたら良いのか分からない、どうせ動いてもらえないという戸惑いや諦めの気持ちになる話題であったことを感じていただけると思います。

【多頭飼育問題を発見してからの対処方法】

多頭飼育問題を発見してからの対処方法については、まずもって不妊去勢手術の重要性が指摘されました。犬や猫の不妊去勢手術は、予防策としてだけでなく、既に数十頭の多頭飼育状態になっている場合でも、とにかく一頭でも増えるのを阻止するために手術をすることが必要だという声が上がりました。そして、それは保健所やセンターで対応せざるを得ないという意見もありました。「雌雄分けて飼育するように指導しているだけでは、問題は絶対に解決しない」「不妊去勢手術する（費用を出す）のは飼い主責任であると主張しても、問題は解決しない」と、表面的な指導や対応では多頭飼育問題は解決できない、一歩踏み込まざるを得ないという声でした。

ただし、悩ましいのは、「行政に託すと殺処分すると思われているので引き取りに同意してもらうのが難しい」「絶対に処分せずに新しい飼い主を探して譲渡すると言わないと説得できない」という声が多数出てきたことです。それと裏腹に「多頭飼育状態だった犬は、譲渡に一～二年掛かるからこそ安易に引き取れない」という声もありました。想定していたことでしたが、「殺処分ゼロ」という善意のつもりの政治的圧力が多頭飼育問題における悩ましいジレンマを生んでいることが、ここでも明らかになりました。

それでも何とか説得して、行政側の引き取りに応じてもらわねばならない場合の注意点として、「飼い主とのコミュニケーションを取れる職員は限られるので、どう引き継ぐかが課題」という声もありました。この懇談会が開催された頃は、参加者の獣医師職員の多くは福祉担当者の助力を得られるとは思っておらず、動物愛護管理行政に関わる獣医師職員同士の間で、どう工夫するかを真剣に考えていたことが分かります。とはいえ、「飼い主の金銭問題・生活支援への配慮をする。多頭飼育者は、衣食住の全般にわたってセルフネグレクトのケースが多いので、動物だけではなく、福祉担当者による飼い主の生活再建も考慮されているとスムーズだと思う」とか、「生活保護のケースワーカーとの連携、情報共有が必要になるから、社会的孤立をテーマに大学の福祉政策の研究室と連携しようかと考えている」という福祉関係者との連携を本気で考えている自治体の声もありました。

最後に、多頭飼育の発見の場面だけでなく、解決の場面においても、ボランティアや動物保護団体との関係が重要だという意見が出てきました。「保健所イコール殺処分というイメージがあるため行政の話は聞いてくれないが、ボランティアによる説得で、多頭飼育者が所有権を手放してくれる場合もある」という経験談もありました。他方で、「地元のボランティア団体と信頼関係を作っていても、多頭飼育崩壊時には全国からレスキュー団体が押し寄せて、行政や地元ボランティアが関わりにくい体制になることもあり、その後、多頭飼育の場所が分散・移転しただけという結果になりかねない、その後を追えない」という注意喚起もありました。

全国のレスキュー団体は、動物のために必死なのだと思いますし、現場から動物の数が減るのも確かなので、有り難い存在だと思います。それは行政職員もよく分かっていますし、ボランティアへの感謝の言葉は何度も聞かれました。ただし、動物の引き上げだけに力を注ぐと、それこそ飼い主と地域や行政の関係構築に禍根が残る可能性もあります。この点は、行政だけでなく、多くのボランティア団体にも知っていただきたい論点だと思いました。

これだけの自治体職員の苦悩が集まったことで、環境省側も、多頭飼育問題の検討会設置を本気で考えてくれるようになりました。そして、多頭飼育対策の検討会を、次年度の二〇一八年度中に立ち上げたいという相談を受けることとなりました。

とはいえ、環境省の検討会が立ち上がる前に、環境省が主軸ではない場面で、二つの大きな転機がありました。一つ目は、二〇一八年七月に開催された長野県における動物愛護管理行政と福祉行政の連携に向けた勉強会です。二つ目は、同年一〇月に開催された全国動物管理関係事業所協議会の全国大会です。節を改めて、二つの企画の経緯と議論の内容を紹介します。

（3）福祉行政と動物行政の共同勉強会（長野県での試み）

【勉強会の経緯】

二〇一八年七月に行われた長野県での福祉行政と動物行政による多頭飼育問題の共同勉強会は、当時の長野県健康福祉部長の提案により実現しました。曰く「地域で貧困や孤立を抱えている人々がいた場合、最終的に行き着く状況として、ゴミ屋敷、多頭飼育、自殺などが考えられ、これらの問題の根っこの課題は同じ社会的孤立であり、地域の支え合いがあってこそ予防や解決が図られる。だからこそ、公衆衛生と地域福祉の連携の可能性を議論する必要がある」とのこと。お目に掛かって、地域社会への温かい眼差しを実感しました。

当日の勉強会の参加者は、合計四二名にも上りました。長野県健康福祉部内の本庁各課（庶務、精神保健、生活保護、公衆衛生の職員）と、長野県内の一〇箇所の保健福祉事務所から、生活保護担当、保健師、公衆衛生獣医師が集まりました。また、全国的な多頭飼育対策のモデルになり得るという観点から、環境省動物愛護管理室の職員も駆けつけました。そして、社会福祉協議会のスタッフによる事例発表を受けて、私の方でファシリテートしながら意見交換を行いました。

当時、動物行政と福祉行政が本格的に意見交換するという雰囲気は、他の自治体にはありませんでした。にもかかわらず、長野県で職種を超えた勉強会を開催しようという機運が高まったのには、幾つか運の良い巡り合わせがありました。

第一に、長野県地域福祉支援計画の策定のタイミングにおいて、他県にない特徴を打ち出そうとしていたそうです。そこに動物をめぐる課題を盛り込むのはどうかという考えがもともとあったそうです。

第二に、健康福祉部長のリーダーとしての判断がありました。職員の人材育成の素材として、新しい課題に多職種で連携する機会を探していたとのこと。システムとしての連携を考えるなら、やはり組織のトップダウンの号令は心強いものです。

第三に、勉強会開催に向けて呼びかけや準備を担ってくれた行政職員側の努力も重要でした。まず、充実した研修機会にしようと、積極的に現場組織に連絡してくれた本庁担当職員の行動力には驚きました。また、生活保護部門の担当課長が、自宅で五頭の犬を飼っていたとか、公衆衛生部門の担当課長が、過去に多頭飼育崩壊で苦労した経験を持っていたとか、さらには健康福祉部長も、過去に隣家が多頭飼育で騒音や悪臭を経験したことがあったそうです。こうした属人的なことも実はキーになったと思います。

余談ですが、多頭飼育対策のガイドラインが発行されてから、動物と福祉の連携に際して、市町村の生活衛生担当者の前の職場が福祉部門であったり、福祉部門の担当者が動物好きだったりするという個人的な事情を聞くことが増えました。行政を理解する際には、組織図や肩書きを額面通り受け取るだけではなく、その職員の過去のキャリアパスや個人的な事情や認識も含めて、インフォーマルな部分を分析するのも大切とされています。

第四に、外部の関係者の支援も意味を持っていたと思います。環境省の担当者が当日参加してくれたことは、長野県側の意欲にもつながったと思います。また、民間の社会福祉協議会から動物と飼い主をめぐる対応事例が報告されたことも、行政職員としては頭が下がるところだったと思います。また僭越ながら私自身も、動物愛護管理行政だけでなく、自治体の多様な政策分野の全体構造を把握した上で、多様な職種・関係者のコーディネート、ファシリテーションの経験があったのも、少しはお役に立てたかと思っています。

【勉強会を通じて出てきた意見】

それでは、勉強会を通じて、どんな意見が出てきたか紹介してみます。

最初に、動物担当以外の職員から、多頭飼育問題についてどんな認識であったかを語ってもらいました。冒頭に、一人の保健師から「複雑な事情を抱える家庭の中には、ペットの飼育が適切に行えず生活環境が不衛生という事例があったものの、ペットそのものは保健福祉の支援の優先順位としては低く、動物の飼育問題に関する部分への介入や支援は経験したことはなかった」という率直な意見が出ました。また、事務職員の一人は、全庁を政策横断的に異動していることもあり、多頭飼育問題を掘り下げて考えたことはなく、社会的に複雑な背景があるとは意識していなかったとのことでした。

次に、動物愛護管理担当職員から、もともと福祉部門に対して、どんな認識であったかを語ってもらいました。すると、「保健所内での連携が必要とはいえ他部署も忙しそうで声を掛けづらい」「生活保護の担当者や保健師に、具体的な情報提供を求めても動物の飼育状況は分からないと言われて終わってしまう」とのこと。連携の糸口を見つけ出せていなかったようです。

他方で、職種を超えて連携するとなれば、個々の職員にとっては連絡調整の負担が大きくなります。連携のために他部署の業務について互いに勉強するのは、数年ごとの人事異動があるなかでは、互いに負担が大きいのではないかと懸念する気持ちもあるようでした。犬や猫の多頭飼育問題の解決には多機関・多職種連携が必要とは分かっていても、獣医師職員側も、常日頃から数多くの業務で忙殺されて、連携するための手間暇を割く余裕がないのが実情のようでした。

とはいえ、最終的には、多職種が揃う勉強会には意義があったという声が多数寄せられました。「やはり、一堂に会すると互いの立場が分かって、保健所内で他部署職員と話がしやすくなる」とのこと。そして、「職種を超えた横断的協力も必要だが、まずは動物愛護担当部局内でのさらなる協力も必要だと思う」という前向きな声も出てきました。

さらに、自治体内の部局を超えた連携のために幾つか提案や視点が出てきました。

まず、「連携」といっても、本庁レベルでシステムを考えることと、現場で担当者が連携することでは意味が違うという意見がありました。「現場職員は、目前のケースに対応すべく、実は適宜連携していることも多い。しかし、今回の勉強会は、ペットの多頭飼育という社会問題に対処するシステムを作ろうとしているのだろうから、大変だと思うし、実現するのか分からないけれども新たな挑戦であると感じている」という声でした。

この「システムとして連携していけるのか」という問いかけは、ファシリテーターをしていた私の心にも深く刻まれました。最終的には環境省・厚生労働省が連携して国レベルの検討会を設置し、さらに両省からガイドラインを参照するように全国に通知がなされることになるのですが、この時点では、まだ先がどうなるか私も分からず、積極的に返しの言葉を出せなかったことをよく覚えています。

ほかにも具体的な提案が出てきました。獣医師職員側からは、早期発見・早期対応がとても大事なので、例えば、保健師やケースワーカーの定期的な訪問の際のチェック事項に、動物飼育状況を加えてもらって、犬や猫の数が増えているという情報提供を早めにもらえるだけでもありがたいという声がありました。他方、地域福祉の担当者からは、「これから超高齢、超単身時代となる。誰もが大事なペットを家族の一員として一緒に快適な環境で安全に暮らしていける、それができなくなったときのセーフティネットを考えるという方向性であれば、県民みんなの課題として予防策も考えていけるのではないか」と。動物の問題ではなく、県民の生活問題としてとらえるという発想は、多頭飼育問題は地域社会の課題であるという後々のガイドラインの礎にもなりました。

（4）問題を因数分解して考える（全国動物管理関係事業所協議会での提案）

環境省主催ではなく、自治体からの提案で実現したもう一つ重要な場面は、全国動物管理関係事業所協議会（全動協）の全国大会でした。これは、動物愛護管理行政を担う都道府県・政令指定都市・中核市の全ての担当者が集合する会議です。環境省や厚生労働省の担当者、獣医師会の関係者も招かれますが、基本的には、自治体同士の切磋琢磨の研究大会です。毎年秋の開催で、ゴールデンウィークを過ぎた頃から企画の打ち合わせが始まるそうです。有り難いことに、二〇一八年は多頭飼育問題を取り上げてみようということになりました。会場は大阪で、私も基調講演をすべく参加させていただけることになりました。

当日のシンポジウムでは、まず、三つの自治体から事例報告がありました。一つ目は、大阪府から、元ブリーダーによる犬二五〇頭の多頭飼育崩壊の事例で、人獣共通感染症が発生したことによる苦労や獣医師会の協力について説明がありました。二つ目は、浜松市からの事例報告で、飼い主の言動の流動性と関係者の連絡会議について経験談に基づく論点整理がありました。三つ目は、新潟県の多頭飼育対策について、適正飼養できない飼い主に対して敢えて責任を厳しく追及せず、数が少ない段階で丁寧に説得して引き取るというお話がありました。

この三つの事例を踏まえて、私から「多頭飼育問題に関わる論点整理」としてお話ししました。その趣旨としては、多様な事情が複雑に絡み合っている多頭飼育問題は、手間暇や労力が掛かる上に、事例ごとに事情が異なり一般的なマニュアルを作成しにくい。つまり結局のところ、ケースバイケースである。関係行政職員や民間団体が連携し、どこが突破口か知恵を絞る必要があるというものでした。「とにかく多数の動物がいる」「不衛生な劣悪飼育で、動物虐待である」「飼い主は頑固で説得に応じない」というネガティブなイメージに縛られるのではなく、実際にどのような状況であるのか、どこが解決に向けた糸口・突破口になり得るかを冷静に見極めようと呼びかけたのでした。

この場で、事例に対する因数分解という単語を使ったことが、後々の検討会において、全国の事例調査の質問項目として活かされることになりました。ガイドラインを策定した今となっては、私が話した内容は当たり前の対処法になっていますが、この時点では、多頭飼育問題をケースバイケースで見極めるという議論はあまり見当たりませんでした。また、苦労している行政職員の立場から課題を整理する議論もなされていなかったので、その辺りに絞って講演内容を紹介します。

【情報の発覚・探知ルート】

最初に因数分解すべきなのは、情報が入ってきたルート、情報探知の流れです。第一に、飼い主の生活問題、つまり、飼い主本人の病気や収入の減少、自宅の立ち退きを迫られているなどの緊急事態、そして飼い主本人の死亡や入院による家族からの相談も含めて飼い主の生活問題が課題になっているパターンです。この場合は、飼い主本人も関係者も困っているからこそ、相談対応と引き取りで解決しやすいです。第二に、近隣からのクレームで判明する場合、つまり、公営住宅の管理者や集合住宅のオーナーからの相談、近隣住民からの騒音、悪臭、毛の飛散、害虫の発生などへのクレームの場合は、飼い主本人が困っていないため解決しにくいですが、解決を求める地域からの圧力が強いため、行政職員は板挟みになりやすいことを覚悟する必要があります。それでも、自治会長などから福祉担当者や警察署などの行政組織の長に申し入れがあると、関係行政機関全体が動きやすくなります。同じ行政職員である保健所の担当者が関係行政機関に相談するだけでなく、地域住民の代表者から直接に警察署や福祉関係者に要望を出してもらうことが大事だと話しました。第三に、動物愛護推進員やボランティア・愛護団体からの情報提供・通報で発覚する場合は、これまた飼い主本人が困っていないため解決しにくいことを覚悟する必要があります。動物の救護のために多頭飼育問題を解決すべきだと主張するのは動物保護団体ばかりで、担当者が署名運動などの板挟みになる可能性があります。しかし、ボランティア等との連携に本気で取り組めば、飼い主への説得や一時保護する場所も含めて解決手段が広がる可能性もあります。いずれにせよ、どういうルートで多頭飼育問題が浮かび上がったか、そこから解決の糸口を探す必要があります。

【周辺環境・動物の様子】

周辺環境や動物の様子も、やはり少しでも情報を整理しておく必要があります。例えば、問題となっている住宅は、ペット可なり不可なりの民間集合住宅であるとか、ペット不可の公営住宅か個人の一戸建ての持ち家か、それとも貸家かなどで対応策が違ってきます。多頭飼育者の行為が何に違反しているのかの説得・根拠づくりが変わってくるからです。また、都市部の住宅地か、中心地から外れた郊外や中山間地域かによっても、周辺住民の反応や協力が違ってきます。

そして、第Ⅰ部でもお話ししたとおり、動物の状況の整理が必要です。外から見て分かりにくくても、大型犬か小型犬か、猫か、数はどのくらいか、成犬・成猫か子犬・子猫かといったことは聞き出していく必要がありますし、動物の感染症や怪我などがあるか、現在も頭数が増えているか、狂犬病の予防接種をしているかなど確認していく必要があります。ただ多数の動物がいるという状況に呑まれることなく、個々の状況の何が問題であるかを整理していく必要があります。といっても、実際に保健所の担当者は、こうしたことを記録するのは当然のこととして対処していると思います。

【飼い主の特徴、言動、行動様式】

とにかく飼い主の性格や言動を観察する必要があります。というのも、相手のプロファイルに応じて説得するときの言葉遣いも工夫する必要がありますし、解決に向けて協力してもらえる第三者がいるか、相手の本音はどこにあるのか、交渉の段取りなども変わってきます。

例えば、同居者がいるか否か（ただし、同居者の意向が統一しているとは限らないことに注意）、離れて暮らしている家族がいるか否か（行政側から相談できる相手が、身内にいるか）、十分な収入があるかないか（親からの遺産や年金で暮らしているか、生活保護の支給を受けているか）、意地っ張りであるか（何に意地を張っているのか、自分が間違っていると指導されるのに立腹しているのか、動物への愛着が著しいのか）、ペットへの自己所有にこだわっているか（発言が二転三転し、「不妊去勢手術するから飼う」「適切な頭数まで所有権放棄する」という言葉をどこまで信用できるか）、むしろ半ば飼養放棄しているか（経済的に困っていて、本音では全てリセットしたいと思っている可能性も）、動物への支配欲があるか

（保健所職員やボランティアなどへの敵意につながる）、動物への愛情や優しい感情があるか（自分の生活費を動物につぎ込む人もいるが、その感情をどこまで読み取れるか？）、動物の殺処分への不安があるのか（行政職員や保健所に対する警戒心を解くのが重要）、行政よりボランティアや特定の団体を頼りにする傾向があるのか（ボランティアの存在は大切ですが、飼い主との交渉が二段構え・間接化する可能性もあるので要注意）、端的に高齢者であるか（判断能力の衰え、収入の不足、体力の衰えによる衛生環境への対処が必要になる）、精神性の疾患がある可能性があるか（判断能力の衰え、解決に向けた交渉の困難化のおそれがある）、社会からの孤立感を感じているか、自分の存在意義を動物に見いだしているか（人間社会でのコミュニケーションが苦手で、若い頃から社会的に孤立してきた可能性もあるし、人生の各段階での困難の経験を通じて、セルフネグレクトになった場合もあり得る）といった具合です。

【担当者が憂鬱になる原因】

私が最も力を入れて語ったのは、多頭飼育者や多頭飼育されている動物そのものの話題ではなく、解決に向けて行政職員がどんなことでつらい思いをするのか、それを因数分解することでした。何だか分からなくて面倒くさくて耐えがたい……という気持ちでは、その先に何をどう進めたら良いか分かりません。行政職員が憂鬱になる原因を一つ一つ分解し、どう対処すべきか考えることが大切だと訴えました。紛争当事者に向き合うときのストレスの原因を整理することは、多頭飼育問題に限らず、また行政職員に限らず大切なことだと思います。

第一に、相手との対話のストレスがあると思います。増やさないように予防的に指導する段階であろうが、多数の犬猫を劣悪飼育している崩壊状態であろうが、不妊去勢手術、適正飼養、清掃&消毒、所有権の放棄まで、説得しても相手には理屈が通らないというのは、それはもう苛立つものだと思います。遠慮がちに対応すれば馬耳東風で聞かない、厳しく言えば怒鳴り合いで聞かない。結局、こちらの主張を聞かない堂々巡りのやりとりに苛立ちを感じるという対話のストレスが課題であるならば、交渉・コミュニケーションに長けた職員や仲介者を探すことが必要になります。

第二に、相手への恐怖心というストレスもあると思います。アルコール等の依存症、暴言・暴力行為、セクハラやストーカー的な言動は、やはり個々の職員にとっては「怖い」と感じるものだと思います。直接の担当職員以外の同行者を調整するとともに、後々クレーム電話が掛かってきたときにも、担当職員のプライバシーの保護が必要です。多頭飼育問題が終わっても、特定の職員への恨みを募らせるような当事者であったら、担当職員も毅然と対応できません。

第三に、問題となる住居や施設の不衛生さがもっともイヤだという人もいると思います。悪臭や寄生虫・害虫の存在、ウィルスや細菌などの病原体の可能性を思うと、ぞっとするという担当者がいても、それは当然の感情です。実は私もそれが一番怖いです。でも、だからこそ、公衆衛生の観点から、現場に近づく際の服装、着替え、手袋、長靴などの本格的な準備をして、さらに荷物や公用車内の清掃等を心がけて、現地に行く場合にも毅然と対応できるようにしておくことが大切になるわけです。

第四に、動物の可哀想さを思うとたまらないというストレスもあると思います。犬や猫の健康状態の悪さ、助けてあげられない不甲斐なさ・無力感など、飼育状態によっては、そういう感情が突き上げることもあると思います。一般市民による多頭飼育問題の現場の多くは、案外犬や猫は平然と動き回っていたりしますが、本書が対象とはしていないものの繁殖業者の劣悪飼育の現場では、狭いケージに糞尿が積み重なった状態で閉じ込められている動物もいて、怒りと悲しみが込み上げることも多いと聞きます。動物のために一刻も早くと相手に接すれば、問題がこじれることもあり、動物のためにこそいかにして多頭飼育者を説得するかが重要になってくるわけです。殺処分を望まない飼い主を説得するためには、いざ動物を救護できるときに対応できるよう、（現実的に協働できる）愛護団体との連携や動物のレスキュー体制を整えておくことも大切です。行政施設だけでは動物を全て収容できないために積極的に飼い主の説得ができないという事情がある場合は、一層周囲との連携が大切になると思われます。

第五に、近隣住民からのクレーム、世論からの批判がストレスになることも考えられます。近隣住民から苦情の電話が掛かり、まずは現地で何か対応しなければならないけれども、結局目に見える解決ができなければ板挟み感覚が募ると思います。原因を作っているのは多頭飼育者なのに行政側が批判されることが重なれば、悔しい気持ちにもなると思います。多頭飼育の状況が、飼い主の自宅を超えて周辺に影響を及ぼしているとなれば、地域生活部門や住宅部門など関係部局との連携を真剣に考える必要があります。

第六に、実は大きな課題として、職場の同僚との関係があります。多頭飼育問題は、当事者の説得等に手間暇が掛かり、簡単に解決できない問題です。ただでさえ平時の業務が多数あるなかで、面倒な案件に本気で着手することへの賛同が得られない状況もあり得るのです。動物を助けるべきだと思う一般市民から見れば、行政の怠慢に見えるかもしれませんが、公務員の人数が極限まで減らされ、非常勤職員を確保してギリギリ労力をまかなっているような自治体も多いのです。こうした事情で、多頭飼育問題に向き合うことに職場全体が消極的である場合は、一歩踏み込もうと思っている担当職員は孤立感に悩むことになります。もしこうしたことが職員のストレスになっているならば、同じ職種同士で支えられない職場風土への反省が必要ですし、仕事の優先順位や活動方針について、職場での率直な意見交換の場を設定すべきと思います。

第七に、上述のとおり、多頭飼育問題は、手間暇の多さに比して解決が困難なこと自体が、対応策をめぐる堂々巡りの憂鬱な要因になることがあり得ます。飼い主や近隣住民との対話だけでなく、関係行政機関等への問い合わせ作業が必要で、ところが個人情報保護の観点からの慎重な対応などの二重三重の手間が掛かります。ネグレクト飼育だと獣医学的に判断したとしても、結局のところ動物に関わる強力な規制取り締まりのツールもありません。英米では行われているらしい（しかし実際には前提となる制度も法解釈も全く異なり日本では応用できない）飼育禁止命令や所有権剥奪などできず、かといって所有権放棄されても保健所の設備を見ても収容スペースに限界があり、殺処分ゼロというプレッシャーもある。何をどうしたら良いのかというストレスが現場の担当職員に掛かっているはずです。だから、環境省や関係する専門家・研究者の真剣な議論が必要だと訴えました。

【多様な関係者の役割分担と連携体制を考える】

こうした「因数分解」の発想のまとめとして説明したのは、多様な関係者との役割分担と連携体制を考えるということでした。

やはり、多頭飼育者の心理にとって、複数の関係者の来訪は大きい意味を持ちます。行政職員への反感や悪意を持っている場合は、「関係機関・関係職員がみんな揃って見張っていると逃げ場がない」「ごまかしが利かない」という気持ちになるでしょうし、逆に、動物が増えてしまって本当は困っている、不安を感じているという場合は、多様な関係者が揃って対応すれば、「みんなが自分のために集まっているのは、申し訳ない、有り難い」という気持ちになるはずです。いずれの場合も、相手の心情を考慮して丁寧に接すべきなのは当然ですが、何となく職員が散発的に指導にくるというのでは、相手の心は動かないものです。対処するときは関係者で揃って対処することが関係者の本気度を相手に伝えることにもなります。

また、いざ解決に向けて動くときには、必要な作業をあらかじめ洗い出し、それぞれ誰がやるかを考えておく必要があります。飼い主への聞き取り、飼い主個人の身体的・精神的な状況の判断、近隣住民への聞き取り、周辺環境・生活環境の観察・判断、法制度的な判断・相談（所有権放棄の説得、強制執行、収入・生活再建）、現地での動物の捕獲・運搬、必要な道具や機材の確保・調達、シェルター・保護スペースの確保など、話し合っておくべき要素は多いのです。

こうした連携体制づくりは、多頭飼育問題に関する勉強会から始めるのが良いと思われます。いきなり解決策を検討する会議となれば、「うちは関係ない」と及び腰のセクションも出てくると思いますが、まずは何が問題なのか勉強していこうということであれば、関係者が互いの顔を見て共通認識を作るチャンスになります。社会福祉や健康・予防医療の分野の行政職員（生活保護担当者、保健師）、社会福祉協議会、市町村の担当者、民生委員、動物愛護ボランティア、住宅管理者、自治会、警察などで勉強会から始めるのが良いと思われます。その流れの中で、長期的目標として、条例の準備等も含めて、ルール化、定式化することを考えていければベストでしょう。

　そして、この全動協の講演のラストには、多頭飼育者をひとかたまりのイメージでとらえても的確に対応できないこと、具体的に事案を検討してケースバイケースで対応策を考える必要があることを訴えました。周辺の生活環境の保全を優先して対処するならば、公衆衛生行政の位置づけからスタートして、公衆衛生部局・住宅部局・自治会・住宅の管理組合などが連携する必要があります。飼い主の生活改善という観点からアプローチするならば、まさに福祉行政であり、生活保護のケースワーカー・保健師・社会福祉協議会・民生委員などが向き合う必要があります。動物福祉・救護の観点から看過できないということであれば、動物愛護管理行政の位置づけであり、獣医師職員や動物愛護のボランティアとの連携が必須になります。そして、飼い主が粗暴であり、動物虐待罪などの可能性があるなど、社会的な脅威、公共の福祉に対する重大な侵害としての位置づけであるならば、保健所職員の身体の安全や近隣住民への危険の観点から、警察との連携が必要になります。どこから問題を解釈していくかによって、解決方法は違ってくるはずです。

こうした議論を、全国の自治体職員と基調講演を通じて情報共有できたのは貴重な機会でした。全国動物管理関係事業所協議会の関係者の皆様のお力添えに、改めて感謝いたします。

（5）国レベルでの公式論議の積み重ね（動物愛護部会や国会での論議）

二〇一八年二月の環境省での自治体職員同士の懇談会の後、上述のとおり長野県と全動協の取り組みを通じて、全国の自治体で多頭飼育問題を考えようという気運が高まってきました。ここで話を国レベルに戻し、環境省の周りでも議論が本格化していった経緯を振り返ります。

【動物愛護部会での議論】

環境省の中央環境審議会動物愛護部会の議論を見てみましょう。第四五回（二〇一七年八月二九日）から動物愛護管理法改正に向けた論点整理が本格化しています。ここでは多頭飼育問題についても資料中に記載があり、飼い主責任のあり方として議論されています。委員からも多数の発言がなされており、福祉部門や市町村との連携、数が少ない段階での指導や説得など、実務的な対応方法が提案されています。

しかし、第四六回（二〇一八年一月二五日）では、犬や猫を動物繁殖業者から引き離す週齢の話題がメインとなっています。この話題、つまり七週齢か八週齢かという論点が、動物愛護管理法の改正に向けて最もヒートアップしたテーマになったのは動物愛護管理法改正に関わっていた方々はご存じだと思います。

　第四七回～第四九回（二〇一八年三月～七月）になると、各委員からの発言をベースに多頭飼育問題が中見出しの項目として入るようになります。さらに、第五〇回（二〇一八年一〇月二二日）に配られた資料には、委員からの発言に加えて、自治体からの要望や意見が注入されています。この日程は、先に説明した全動協大会の直前です。自治体関係者が本当に困っていることが環境省の公式資料にも浮かび上がっています。資料から幾つか説明を引用しておきます（http://www.env.go.jp/council/14animal/mat50_5.pdf　五五—五六頁）。

・多頭飼育問題を進めていくための基本的考え方の整理が必要。本年度より、多頭飼育対策について基本的な考え方を整理する検討に着手。検討にあたっては、多頭飼育状態となる人間（飼い主）への対応と、劣悪な状態（虐待状態）で多頭飼育されている動物への対応の双方の観点がある。〔事務局〕

・多頭飼育問題は、動物の不適正飼養問題だけではなく、本人が社会から孤立したり、精神疾患や認知症、生活保護受給者などの生活弱者や独居老人が引き起こすことが多いことから問題解決には、福祉部門との連携が必要である。〔自治体〕

・指導に応じない多頭飼育者に、自治体が勧告・命令を出しても改善する可能性は低い。引取りを推奨しても、「殺処分の可能性があるなら引取申請しない」という飼育者が多く、問題が長

期化し、苦情者は行政不信となり、職員等は疲弊する。〔自治体〕

・行政代執行等を検討するならば、個人の財産を行政が一方的に剥奪することになってしまい、飼育者から反発されるため、飼育者等から納得が得られる根拠が必要になる（単に法に明記してあるという理由だけでは不十分）。〔自治体〕

・虐待のおそれのある事態だけでなく、周辺の生活環境が損なわれている事態についても検討してほしい。〔自治体〕

・自治体が勧告・命令を発しない理由の多くは「命令した後に犬猫を引き取らなければならない（→殺処分しなければならないから）」。「多頭飼育者には厳しく対応せよ。場合によっては引き取れ。しかし殺処分はするな」という世論は自治体にとって酷であり、この点が改善されなければ法改正を重ねても解決に至らない。〔自治体〕

これらの主張は、二〇一八年一二月二七日付けの環境省中央環境審議会動物愛護部会の名前による「動物愛護管理をめぐる主な課題への対応について（論点整理）」という文書に書き込まれ、ここからは動物愛護部会の手を離れて、二〇一九年六月の動物愛護管理法改正に向けて作業が本格化していきました。しかし、多頭飼育問題は、法律を改正してどうこうできる問題ではなく、むしろ多様な関係者をどのように連携させ、共通認識を持っていけるかが勝負です。そのため、法改正と同時並行で、多頭飼育問題を社会福祉施策と連携して考えるための体制づくりが始まりました。つまり、環境省と厚生労働省が連絡を取り合って検討会の立ち上げ準備が始まったのでした。

【国会での議論】

多頭飼育問題に対する国会議員による議論は、非公式の議員連盟の会合などで早くからなされていたかもしれません。しかし、やはり正式な国会での審議は、政策立案上大きな意味を持ちます。

年明けて二〇一九年二月二七日の第一九八回国会の衆議院予算委員会第六分科会では、二〇一九年度の一般会計予算について農林水産省・環境省所管の予算・事業について質疑がなされていました。ここで、一人の議員から質問・意見がありました（議事録は、https://www.shugiin.go.jp/internet/itdb_kaigiroku.nsf/html/kaigiroku/003619820190227001.htm）。

「不適切な飼養をしている人というのは複合的な課題を抱えている場合も多くて、例えば孤立であったり、あるいは精神的な問題であったり、あるいはまた貧困の問題であったり、いろいろな問題を抱える、福祉的な支援が必要な場合も多い現状にあると伺っておりまして、（中略）猫を一匹飼っているという状況の中で、これは不妊去勢手術をしないとどんどんふえて大変なことになりますよということで、早目に手が打てればこんな問題は起こらないわけでありまして、（中略）多頭飼育崩壊というふうに呼ばれているんですけれども、（中略）やはり今度は福祉の分野と連携をしないといけないのではないか、こういうことを考えております」（中野洋昌議員）とのこと、まさに問題の核心を突くご意見です。

これに対して、環境省と厚生労働省から、とても重みのある答弁がなされました。まず、原田義昭環境大臣（当時）からは、「環境省では、これまで、多頭飼育に関するパンフレットによる飼い主への普及啓発や、自治体の協力を得た状況把握等に努めているところでございます。（中略）この問題は、地域から孤立した生活困窮者や単身高齢者など、一つの傾向がございまして（中略）社会福祉分野との連携が非常に重要になってくるかなと。（中略）環境省としては、三月十五日に、これは来月でございますけれども、社会福祉施策と連携した多頭飼育対策に関する検討会、そのことに絞った組織を新たに立ち上げる予定をしておりまして、例えば社会福祉の問題で、厚生労働省と連携して、収集した事例の情報を活用しながら、ガイドラインの策定等についても取り組んでまいりたい、こういうふうに思っているところであります」とのことでした。

　そして、厚生労働省大臣官房審議官からも、「いわゆる多頭飼育崩壊の問題につきましては、今お話ございましたように、地域から孤立をした生活困窮者や単身高齢者等、福祉的な支援を必要とする方がかかわっておられることが多いというようなことを私ども承知をしてございます。このため、厚生労働省といたしましても、この問題への対応に当たりましては、委員御指摘のとおり、自治体の動物愛護管理部局のみならず、福祉部局が協力をして取り組むことが重要だというふうに考えてございます。厚生労働省では、来月設置、開催される予定の、今お話ございました環境省主催の検討会、これへの参画を始めといたしまして、今後、環境省との連携を強化し、多頭飼育対策において福祉部局としてどのような協力が可能か検討してまいりたい、このように考えてございます」との答弁があったのです。

詳細な発言内容は後から議事録を見返して確認したのですが、環境省と厚生労働省とが、共通認識を持って多頭飼育問題に対して社会福祉施策と連携した解決方法を考えていくという答弁をしてくれたということを、私は、環境省の動物愛護管理室から聞きました。本当に有り難いことだなあと考え、身の引き締まる思いで検討会の初回に行うべき議論の流れを考えていきました。

なお、これは、検討会が立ち上がった後の質疑ですが、動物愛護管理法の改正に関しての質疑でも、多頭飼育問題についての言及がありました。第一九八回国会の衆議院環境委員会（二〇一九年五月三一日）では、関係議員より動物愛護管理法改正案が提出され、環境省や議員への質疑応答が行われたわけですが、議事録を見ると、以下のような質疑がなされています（https://www.shugiin.go.jp/internet/itdb_kaigiroku.nsf/html/kaigiroku/001719820190531007.htm）。

> 古屋範子議員「多数の動物を劣悪な環境で飼育するいわゆる多頭飼育崩壊のニュースが後を絶たないわけなんですが、この多頭飼育崩壊を引き起こす飼い主というのは、周囲や動物自身に対し悪影響を及ぼしているんだという自覚がない場合が多いんですね。こうした多頭飼育崩壊の飼い主については精神疾患との見方もありますし、保健師や精神保健福祉士等の専門家との連携による対応が必要なケースが多いとの指摘もあります。
>
> 動物による深刻な生活環境の支障を引き起こしている飼い主、ネグレクトなど動物虐待の状態

で飼育をしている飼い主等に対して、現状把握また未然防止、再発防止のための仕組みづくり、専門家や自治体福祉部門との連携等が重要であると考えます。抜本的な解決に向けてどのような対策が必要か、この点についてのお考えを伺いたいと思います。」

正田寛環境省自然環境局長「昨今、飼い主が犬や猫をふやし過ぎて世話ができなくなる、いわゆる多頭飼育崩壊が全国的に問題となってございます。この問題につきましては、地域から孤立した単身高齢者などがかかわるケースが多いことが明らかになってきておりまして、対応に当たりましては、社会福祉分野との連携が重要と考えておるところでございます。

　このため、環境省におきましては、本年の三月に、動物や社会福祉の専門家による社会福祉施策と連携した多頭飼育対策に関する検討会を立ち上げたところでございまして、厚生労働省と連携いたしまして、予防策を含めたガイドラインの策定等に取り組み、適切な対応が推進されるよう努めてまいりたいと考えております。」

田村貴昭議員「多頭飼育の崩壊の問題もあります。多頭飼育崩壊の場合は、飼っている人が、例えば認知症や失業などで社会的に孤立を深めてしまったり、動物に依存する例が典型的との指摘もあるわけであります。したがって、都道府県知事による立入検査については、飼い主の人権にも配慮した対応が必要だというふうに考えます。そうした問題の解決に向かっては福祉専門職との連携が不可欠と私は考えますけれども、この点についてはいかがでしょうか。」

小宮山泰子議員「今回の法改正では、不適切飼養について立入検査の規定を設けましたが、それにあわせて、緩やかな指導又は助言を行うことができる旨を法律上明記いたしました。これは第二十五条一項になりますが、これにより、より人権に配慮した手段を設けたと考えております。

　これは、個々の飼い主の事情に応じて細やかな対応をする必要性を踏まえたものでもあり、加えて、今回の法改正では、動物愛護に関する部局と公衆衛生、福祉に関する部局との連携の強化について新たに規定することとしており、御指摘の動物の適正飼養と福祉の関連性にも留意した改正となっております。」

　このように国のトップレベルで多頭飼育問題を社会福祉施策と連携して議論することへの共感が得られていたことは、検討会の運営において本当に大きな支えになりました。

11　社会福祉施策と連携した多頭飼育対策検討会

初めのうちは自治体職員による情報に基づいて議論してきた多頭飼育問題でしたが、二〇一九年三月一五日に正式に環境省の検討会が立ち上がり、以後は、各分野の専門家によってガイドライン作成に向けた本格的な議論が始まりました。ここから先は、検討会を傍聴していた方は全て見聞きしてきた内容だと思います。それでも改めて振り返ると多数の論点があり、また全国的な事例収集、データ分析を行ったこともあり、議論の経過を紹介していきたいと思います。以下、膨大な資料と長大な議事録をひもといて、ガイドライン策定までの経緯をまとめてみます。

（1）概要と委員の顔ぶれ

まず、検討会の位置づけ・目的について説明します。大前提の考え方として、不適正な多頭飼育問題に対処するために、周辺の生活環境の改善、動物のネグレクト状態の改善、飼い主への支援の三点

	開催日	議題
第1回	2019年3月15日	初顔合わせ・検討課題の洗い出し・事例参照
第2回	2019年8月8日	全国の事例調査の設計
第3回	2019年12月19日	アンケート結果の概要確認・抽出すべき論点整理
第4回	2020年2月27日	アンケート結果の詳細検討・ガイドライン骨子案の検討
第5回	2020年10月15日	ガイドライン原案の検討・事例参照
第6回	2021年2月3日	ガイドライン最終案の検討

表11-1　社会福祉施策と連携した多頭飼育対策に関する検討会開催概要

セットを常に意識することが掲げられました。検討会の具体的役割としては、第一に、多頭飼育対策を進めるための考え方を整理すること、すなわち動物部局、福祉部局等、関係部局との連携に活用できるガイドラインの策定を検討すること、第二に、多頭飼育者に対する勧告指導の適切な実施を考えること、すなわち個別事案への対応に当たり自治体が判断・対処しやすくなる方策や環境整備について検討すること、とされました。

開催の経緯は、表11－1のとおりです。終盤は、コロナ禍対応で傍聴者を絞ったり、オンライン開催になったりしましたが、それでも何とか無事に会議を完了させることができて良かったです。

参加委員と専門分野ですが、以下のとおりです。

・打越　綾子　成城大学法学部教授
・岸　恵美子　東邦大学看護学部教授
・佐伯　潤　大阪府獣医師会長

・佐藤　尚治　長野県社会福祉協議会主任相談支援員
・横山　章光　あいわクリニック院長
・吉岩　宏樹　川崎市健康福祉局保健所生活衛生課長（二〇二〇年度は藤田弓実子）
・オブザーバー　厚生労働省政策統括官付社会保障担当参事官室
・事務局　環境省自然環境局動物愛護管理室

精神医療、公衆衛生、看護、社会福祉、獣医療とそれぞれ異なる専門分野の委員が集まったことで、飼い主と動物と地域社会を多面的に議論する場になりました。初回は、自己紹介を含めて最初の決意をまとめた資料を配り、互いの関係性を整理しました。その資料は公開されていますので、ご関心のある方は是非ご覧になってみてください（第一回社会福祉施策と連携した多頭飼育対策に関する検討会配付資料２　https://www.env.go.jp/nature/dobutsu/aigo/2_data/renkei/h30_01/mat02.pdf）。そして、これまでの経緯を踏まえ、また行政運営の専門家ということで、僭越ながら私が座長役を引き受けて会議を進めていきました。

（２）多頭飼育問題に関する様々な示唆

検討会は初回から、各先生の様々なご知見が噴出する場になりました。以下に、飼い主と地域をめぐる課題、動物の救護をめぐる課題、医学・獣医学等の専門的課題、多機関・多職種連携をめぐる課題の四点に分けて、初回の議論を振り返ってみたいと思います。長い議事録の抜粋（要約）ですが、なるほどと思っていただけると思います。

【飼い主と地域をめぐる課題】

・飼い主に対しては、我が事として考える必要がある。離れて暮らす自分の両親がそうなる可能性がある、自分自身が様々な危機に陥って多頭飼育状態になり得ると心得て、どう説得してもらったら心が動くかと考える必要がある。

・ゴミ屋敷でも多頭飼育でも、本人がセルフネグレクト状態で支援が必要な状況なのに、ＳＯＳを出さない。家の中に入れない、本人が出てこないというのが難しい。どうやって立ち入ることができるかが課題で、そこを何か一歩進められないかと考えたい。

・なるべく早期であるほうが対応しやすい。しかし、崩壊してしまった後の対応については、背景が大事で（人間関係のトラブル、人間不信、人生のネガティブなライフイベントなど）、それにより対応の方法が変わってくる。どうやってその人の心を動かし、応じてもらうのかということが非常に難しい問題であり、福祉部門の人の支援が必要だと思う。

・生活困窮者自立支援法は、経済的困窮と関係性の困窮という二つの観点を持っており、生活保護で金銭的な支援をしても、社会的孤立という部分を解決できないと自立できないとみなす。

多頭飼育問題は個人の課題ではあるが、同時に地域にも課題があると考える。地域・社会とのつながりをどのように構築していけるか、地域の理解、共通認識の構築が大切。

【動物の救護をめぐる課題】

・セルフネグレクト状態の人々の中には、人間関係でのトラブルや人間不信などが原因で、ゴミや動物に執着する人がいる。ただし、ゴミの場合は撤去すれば良いが、動物の場合は命があり、保護するためのキャパシティーが課題になる。しかも、動物にとって良い環境、シェルターでなければ動物自身もストレスを抱えてしまう。手放す人間側の心理にも影響する。動物をどこに移動させるかは、物理的な面と心理的な面の両面からのアプローチが必要。

・近隣住民の生活保全や動物のネグレクト状態を改善しようと自治体が動物を引き取れば、致死処分数が増えることも覚悟する必要がある。しかし、殺処分を前提のように当事者に向き合えば、飼い主は絶対に手放さず、結局、問題は解決できない。また、安易に引き取ると再発につながる可能性もある。飼い主の生活改善、動物の救護、近隣の生活環境の保全、この全ての要素をバランスよく、場合によっては妥協しながら積み重ねていくことが必要になる。

【医学・獣医学等の専門的課題】

・獣医師は、人と動物の両方に関わる職業である。人獣共通感染症が発生した場合に備えた公衆衛生管理の観点、警察が動物虐待として告発する際の虐待を証明する法獣医学、救護した動物の群管理の技術や知識など、臨床獣医師が関わるべき論点も多い。本人に虐待であることを認めさせ、過去の生活・行動をきちんと精算させることも必要である。

・獣医師会として（多頭飼育崩壊時に行政と連携して解決する）経験をした教訓は数々ある。メディア報道による不正確な情報発信の問題もあり、救援本部に関わる関係者の情報共有と信頼関係の重要性を痛感した。また、行政と獣医師会の情報共有・役割分担、すなわち指揮系統を整理しておくと対応がスムーズになる。

・多頭飼育者を医者として治療する方法の検討が必要で、そのためには日本における多頭飼育の現状、カテゴリー分け、各々の適当な対処方法、いかに早期に発見し、どういう治療をしていくのが望ましいかという情報を整理していく必要がある。

・動物由来感染症、ズーノーシスなどによる人間の健康被害が出てきた場合には、人間の健康管理や医療関係者に協力してもらう必要も出てくる。社会福祉との連携という観点だけでなく、公衆衛生の観点からも、厚生労働省の協力は重要になると思う。

【多機関・多職種連携をめぐる課題】

・多頭飼育問題は早期に探知、早期に相談・指導を開始する必要があるものととらえて、相談先の周知が非常に大切であると考える。そこで冊子を作成し、地域包括支援センターの所長会や、社会福祉施設の講習会、民生委員の理事会、配食ボランティア連絡会、ケアマネージャーの連絡会などで配っている。これらの周知・配布を定期的に何度も繰り返し行っていくことにより、より細かな声掛けや探知につながると思う。

・動物行政部門と社会福祉部門とは、多くの自治体で組織的に別立てなことが多く、縦割りを超えるための継続的な研修や会議、連絡体制の構築が必要である。しかし、職種・部局によって直近の目的や優先順位が異なり、普段の自分たちの仕事の流れと異なる課題を注入されることは大きな負担・ストレスになる。タテ割りの克服を現場職員の努力に任せるだけでなく、自治体の幹部層がトップダウンで大所高所からの目標を設定してくれると職員は動きやすいと思う。

・多機関連携、多職種連携を目指すに当たり、動物行政部門と社会福祉部門が、お互いが専門知識を共有できていない。生活困窮者自立支援法は福祉関係者では知らない人はいないが、動物関係者は知らない。第一種動物取扱業者は、動物関係者では知らない人はいないが保健師や民生委員は知らない。共通認識を作るためのキーワードを整理していく必要がある。

・動物愛護の普及啓発、適正飼養の推進は、何も都道府県・政令市・中核市だけの仕事ではない。動物愛護管理法第三条に、すべての地方公共団体、すなわち一般の市町村にとっても責務として掲げられているところである。また、多頭飼育問題は、住宅地域の人間関係も把握している身近な基礎自治体からの情報が命となる。一般市には、生活保護や障害者福祉などの福祉担当者もおり、多頭飼育問題の予防や解決には一般的な市区町村にも関わってもらう必要がある。

なお、最後の意見で市区町村の話題が出ています。もともと、災害時対応、近隣紛争、不適正飼養・多頭飼育問題は、地域住民の身の回りの生活支援を担う市区町村の役割が重要とされていました。初回の検討会の時点では、あくまで一つの意見だったのですが、奇しくも二〇一九年六月の動物愛護管理法改正で、動物愛護管理行政における一般市区町村の役割が条文に書き込まれることとなりました。第三七条の二の第二項に「指定都市、中核市及び第三十五条第一項の政令で定める市以外の市町村（特別区を含む。）は、条例で定めるところにより、動物の愛護及び管理に関する事務を行わせるため、動物愛護管理担当職員を置くよう努めるものとする」という条項が増えたのです。あくまで努力義務であり、まだ多くの一般市区町村では、その人員を確保する余裕はないかもしれません。それでも、動物の問題といったら都道府県レベルの保健所の仕事だと丸投げするのではなく、地域の課題として一般市区町村が関わるべきであると法律に記されたことには大きな意義があると思います。

12　アンケート結果に見る多頭飼育問題

ここまで説明してきたとおり、ペットの多頭飼育問題は決して新しい問題ではありません。しかし、多頭飼育問題に関する大規模な調査などはなく、全体像がよく分かっていなかったのです。そこで、国レベルでガイドラインを作成するからには、自治体に協力してもらって多頭飼育問題に関する全国的な調査が必要になりました。

（1）全国調査の設計と概要

【調査項目のリストアップ】

全国的な多頭飼育問題の調査をするにあたって、自治体にどんな風に情報を出してもらうか、事務局と一緒にずいぶんと悩みました。具体的なケースを聞くのが大事であるとともに、全体状況を数量化して整理できないかという思いもありました。また、飼い主の特徴については、一部自治体からの聞き取りや専門家の知見によって整理されていたことが、実際のところと合致しているのかを確認する必要がありました。

そこで第一に、多頭飼育問題に対する動物愛護管理部局の取り組み状況、つまり「行政側の実情」を明らかにしようということになりました。例えば、多頭飼育問題や不妊去勢手術の普及啓発をどの程度行っているか、当事者への戸別訪問はどういうメンバーで行うのか、行政側で動物をどの程度引き取れる体制を整えているのか、その他どんな課題があるか調べることになりました。

第二に、多頭飼育に対する他部局・多機関との連携状況についても、進んでいる自治体とそうでない自治体があるはずで、その相違を見極めようと考えました。そこで、同じ自治体の福祉部局や生活環境部局、地域の社会福祉協議会や民生委員、自治会・町内会、警察、地元獣医師会、動物愛護ボランティア、一般市町村との関係などを一つ一つ確認することにしました。

第三に、各自治体が把握している多頭飼育の事例収集については、飼い主の性別・年齢・家族構成・居住環境などの基礎データだけでなく、困窮や障害の有無、本人の健康状態、動物への固執の様子、動物の飼育・健康状態、周囲との人間関係などをなるべく詳細に調べようという方針になりました。

【調査票の設計】

検討会の委員からも、集めたい情報、考慮したい留意点などが寄せられ、それらを踏まえて事務局では帳票の形式を検討する必要がありました。このアンケートの設計が、ガイドラインを大きく枠づけたこと、またアンケートの設計そのものが公共政策の立案スキルとしても重要であることから、裏方で検討したことを少しご紹介します。

まず、個々の事例を集めるだけでなく、多頭飼育問題を構成する様々な要素を分解して考えるためにも、数量解析や類型化に耐えうる厳密な質問票を作る必要がありました。

そこで、飼い主の生活状況や周辺との関係、動物の状態などを、こちらであらかじめ箇条書きにしてリストアップし、それらが該当するかどうかを五段階評価でチェックしてもらう方式をとることにしました。単に「該当する特徴・状況があれば選んでください（複数回答可）」という形式ではなく、こちらから一〇〇項目近くのチェックリストを作って、「該当する」「ある程度該当する」「どちらとも言えない」「あまり該当しない」「該当しない」と評価してもらう方法です。こうした手法は、環境省ではこれまであまり採用されてこなかったそうですが、自治体職員との意見交換により様々な特質をリストアップする情報が集まっていたのと、幾人かの自治体職員や検討会の委員から見ても「これは回答しやすい」と好評であったので実施を決めました。

また、全国の自治体に、どこまで回答作業の負担を掛けるかも考えねばなりませんでした。過去の事例も含めて可能な限り多数の事例を集めるのか、最近の事例に限定するのか、そもそも事例の数を限定するのかも考える必要がありました。さらに、どんな事例のどんな要素に注目して事例を集めるか、例えば解決が困難だったタイプと比較的容易だったタイプを取り混ぜてもらうのか、農村地域の事例や都市部（住宅地、商店街）の事例をバランス良く提供してもらうのか、さらに考えれば、家族構成や動物の種類・数のバリエーションまで含めると、どうしたら良いのかと悩みました。

たたき台をチェックした第二回（二〇一九年八月）の検討会を受け、その後さらに二ヶ月掛けて細かい質問形式や用語を何度も検討し、二〇一九年一〇月に都道府県・政令市・中核市に向けて調査を実施することになりました。結果として、各自治体五事例まで、事例の選定は思い切って各自治体に任せることにしました。そもそも公文書の保管期限は原則として五年ですし、そんなに古い事例は集まってこないだろうと見込みました。また五年以内となれば、自治体で正確に情報を集めて対処している事例は、数件であろうと考えたのです。潜在的な事例は多数あるかもしれないですが、詳細が分からない事例では、集めても政策立案には役立ちません。

【アンケートの回収状況】

アンケートの回収状況・結果は表12‐1のとおりです。事例は、あくまで五つ以内で各自治体が詳細を記入してくれたもので、実際には、これよりも多数の多頭飼育問題が地域に存在している可能性があります。とはいえ、事例数の多少を確認するのが目的ではなく、現在の多頭飼育問題の多様な要素をあぶり出すのが大切で、合計三八五事例が集まれば十分すぎるほどの情報が得られることは明らかでした。アンケートの帳票と結果は、全て公表しています（調査の帳票 https://www.env.go.jp/nature/dobutsu/aigo/2_data/renkei/r01_03/mat02_1.pdf、調査の結果 https://www.env.go.jp/nature/dobu

	回収率	事例数	事例数の平均
都道府県（47）	100％	187事例	4.0事例
政令市（20）	100％	52事例	2.6事例
中核市（58）	100％	146事例	2.5事例
合計（125）	100％	385事例	3.1事例

表12-1　多頭飼育問題に関する全国事例調査の結果

tsu/aigo/2_data/renkei/r01_04/mat02_2.pdf)。以下の表やグラフ、数値等は、その資料から引用しています。

ここで集まったデータが、それまで具体的な解決方法を見いだせなかった多頭飼育問題に関して、いかにして予防し、いかにして対応するかという道筋を付けてくれました。全国の自治体が提示してくれたデータによって、ガイドラインの基本的方向性を決定づけることができたのです。この調査の設計と多数の事例の整理・分析を重ねた環境省の事務局と調査委託企業のスタッフの奮闘に、まずは拍手を送りたいと思います。以下、データや事例を紹介しながら、調査を通じて浮かび上がった日本の一般市民の多頭飼育問題について説明していきます。

（2）多頭飼育事例と課題

【典型的な事例】

まず、一般市民による多頭飼育事例の典型的な事案として、以下の三つを挙げたいと思います。

事例1　虚弱状態の高齢者

飼育者は九〇代半ばの高齢者。過去には屋外で猫へ餌付けを行い地域住民からの苦情記録があった。事案が発覚した頃には、足腰も弱くなり、屋外には出られず、屋内に入った猫へ餌付けを行い、結果として屋内で増えて生活空間の悪化に至った。ちなみに、屋外から屋内に餌付けの場所が移動したことで、地域からの苦情は少なくなっていた。

当所、飼い主は「不妊去勢手術を行う。動物病院に通う」と話していたが、結果として動物病院は利用しなかった。さらに心筋梗塞の症状もあったこと、会話中にも息苦しくなる状態があったことから、行政側で引き取りを判断した。なお飼育者宅には五〇代の息子も同居していたが、ほとんど話に加わることはなかった。

事例2　三〇代の生活保護受給者

飼育者は三〇代半ば。ペット不可のアパートに居住していたが、猫二頭への餌付けから、二十数頭にまで増えてしまった。近隣から風向きによっては悪臭が漂うということで、状況が発覚し、住宅の管理会社から立ち退きを迫られた。

発覚時、不妊去勢手術をしていた猫はゼロであった。行政に引き取りの依頼が来たが、殺処分は望まないと主張する。飼育者は生活保護受給者であり、ケースワーカーからの相談も来ている。

事例3　殺処分への反感と手術未実施

飼い主は、行政が行う犬猫の殺処分に対して不満を持っていた。最初に飼い始めた犬は、行政から譲渡された犬だったが、その後、別の放浪犬を自身で保護し、不妊去勢手術をしないまま飼育していた。そのため、毎年子犬が生まれ続けた。

初めのうちは、近隣住民が子犬の譲渡先を探す手伝いをしてくれていたが、次第に協力が得られなくなり、犬の飼育頭数増加につながった。さらに、犬の室内飼いが困難となり、敷地内の屋外で係留して管理していたが、鳴き声や逸走、逸走時の近隣の犬への咬傷事故が発生し、保健所や警察署が対応する事態になった。

検討会議の資料には、こうした事例が多数記載されています（多頭飼育対策の事例等　https://www.env.go.jp/nature/dobutsu/aigo/2_data/renkei/r01_04/ref01.pdf）。一つ一つ読んでいると、気持ちが滅入りますが、冷静に論点を整理していきたいと思います。

【動物愛護管理部局から見た多頭飼育問題に関する課題】

次に、こうした事案に対して、自治体行政側はどのように受け止めているか、また積極的に対応できなかった原因や体制としての課題について聞きました。

結果を見ると、七割以上の自治体が共感する課題として、「生活困窮で引取り手数料・不妊去勢手

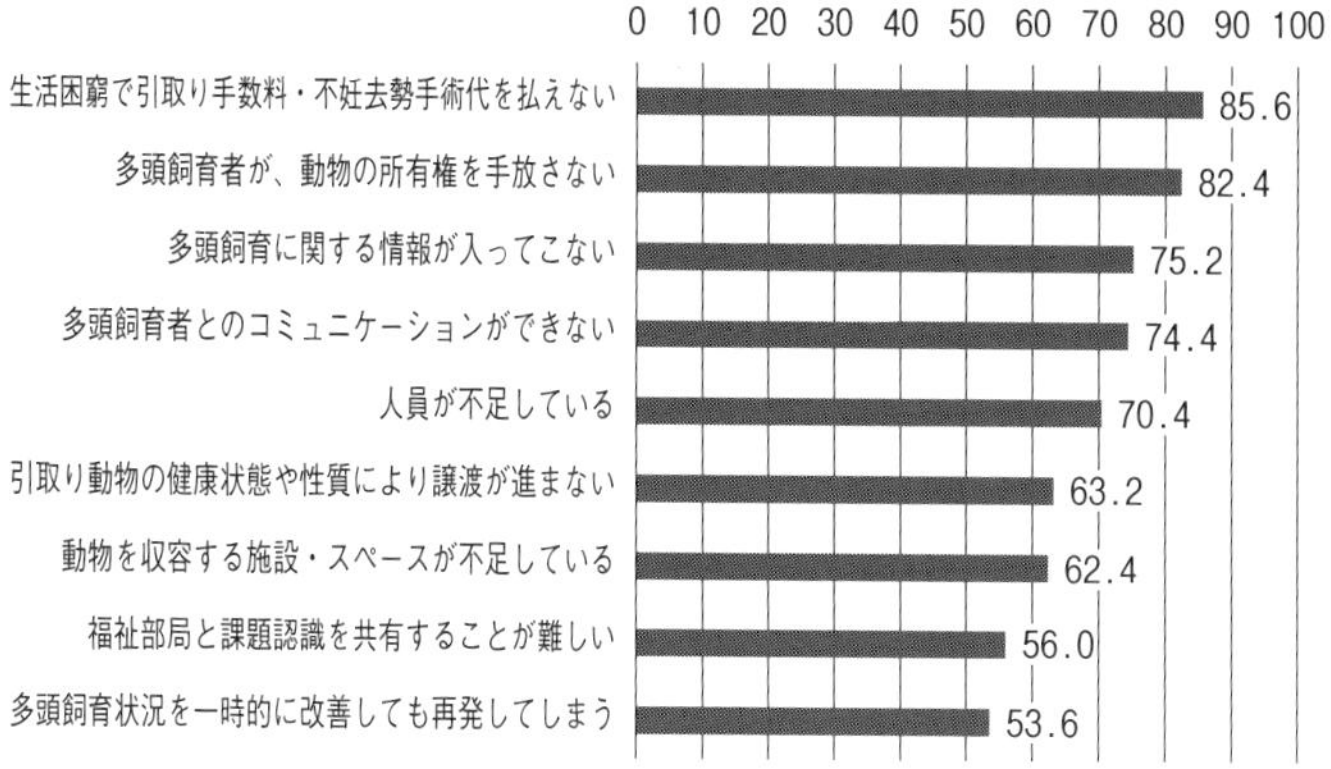

図12-1　多頭飼育問題に関わる行政上の課題

術代を払えない」「多頭飼育者が、動物の所有権を手放さない」「多頭飼育に関する情報が入ってこない」「多頭飼育者とのコミュニケーションができない」という項目が上がりました。これらの特徴は、自治体職員による経験談と符合します。生活が困窮していること、そして情報が入ってこないまま状況が悪化してから発覚し、その段階ではコミュニケーションも歪曲し、飼い主も行政側の説得に応じようとしない様子が、データとして浮かび上がりました。

また、「人員が不足している」という課題も七割の自治体が共感しています。動物愛好家や近隣住民からは、もっとこまめに現地で指導をすべきという批判の声が上がりますが、保健所から公用車や電車で一時間くらい掛けて、さらにそこから徒歩などで○○町○丁目○番地まで確認して個人の自宅に出向くことは、実はとても時間と労力が掛かることです。ほかにも動物のための業務は多数あり、訪問による指導を頻繁に行うほどの人員の余裕はありません。第I部で説明したとおり、公衆衛生獣医師の中核的な仕事は、食肉衛生検査や食品衛生の監視指導です。動物愛好家が獣医師職員に期待する活動以外に、私たちの身の回りの生活を下支えしてくれているわけで、そうした獣医師職員が、人員不足で大変に苦労していることを知っておく必要があります。

　そして、五～六割の自治体が共感する課題として、「引取り動物の健康状態や性質により譲渡が進まない」「動物を収容する施設・スペースが不足している」という、自治体側が積極的に踏み込むのに躊躇する要因が上がっています。そして、「福祉部局と課題認識を共有することが難しい」「多頭飼育状況を一時的に改善しても再発してしまう」と飼い主対応に苦慮していることが分かりました。獣医師職員が説得のスキルを磨いたとしても、飼い主の困窮や社会的孤立、平時の身の回りの生活のサポートなどは、どう考えても彼らの専門外であって、獣医師職員だけでは、飼い主への持続的な対応が難しいことが浮かび上がりました。

（3）飼い主の状況

【多頭飼育する当事者の概要】

飼い主の特徴も整理してみましょう。全体のデータから興味深いことが浮かび上がります。

・性別：男性四二・三％　女性五六・四％

・年代：二〇歳代～三〇歳代五・七％、四〇歳代～五〇歳代三一・二％、六〇歳代以上五六・一％
・居住環境：戸建ての持ち家六〇・〇％　戸建ての借家一六・六％
　　集合住宅の借家八・三％　公営住宅三・九％
・最初の情報提供者：四七・五％が近隣住民（本人、家族等、動物保護のボランティア、保健師・福祉関係者等はそれぞれ数％）
・経済的困窮：該当する三四・三％　やや該当する一九・二％

英米の動物虐待防止団体によれば、不適正な多頭飼育者としてのアニマルホーダー（動物の収集家という意味）には女性が多いとされてきました。しかし、日本での実態を見ると、男性の比率も相当にあることが分かります。他方で、高齢者が多いことは世界的にも共通のようです。高齢者になれば体力や判断力が落ちてくるわけで、だからこそ不妊去勢手術をやりきれずに動物の数が増えてしまいます。結果として世話が行き届かず、不衛生な状態になりがちな上、社会的孤立によって身の回りの衛生管理が気にならなくなってしまう傾向があるのでしょう。

ところで、最も驚いたのは、貧困という問題でした。全国平均に比べて生活保護費の受給率も高く、担当者から見ても経済的に困窮している様子が明らかであるケースが多かったのです。自治体職員との情報共有から、そうした傾向があることは分かっていましたが、これほど露骨に明確になるとは検討会の委員も想定していませんでした。犬や猫の数が増えれば、丁寧な世話ができなくても、とりあえず大量にペットフードを買ってくる必要があるわけで、一定の資金が必要なはずです。事例の中には、自分の生活保護費をほとんどペットフードに充てていて、自分の栄養状態が悪く、通院も諦めているという人もいました。

つまり多頭飼育問題を抱える当事者は、セルフネグレクトと貧困、まさに社会福祉政策の中核的な対象者であることが示されたのです。

【多頭飼育の飼い主が持つ要素】

当事者については、五段階評価で様々な特徴に該当するかを聞きました。それらを全てまとめて因子分析という統計解析をすれば、全体としての傾向を抽出することができます。因子分析とは、例えば、アンケートの1番で高いスコアが付く人は、4番と7番も同様に高いとか、2番で高いスコアが付く人は、6番と8番でも同様に高いという共通の傾向が見えてくれば、1番・4番・7番に共通する要素、2番・6番・8番に共通する要素などが見えてくるわけです。この因子分析をしたところ、多頭飼育者は、表12-2にまとめた七つの因子のうち一つまたは複数を抱えていることが示されました。内容としては、多くの現場担当者が感じていたことだと思いますが、個々の事案から受ける印象論ではなく、多頭飼育者に見られる特徴として明確にデータで示されたのは、世界的に見ても意義のある研究に結びつくと言えるのではないでしょうか。

要素	主な特徴
不衛生	飼育場所もしくはその屋外、またはその両方に動物の糞尿や白骨死体、ごみが大量に放置されており、そのため敷地からは非常に強い悪臭や害虫が発生している。当事者は、そのような状況を気にかけておらず、本人からも入浴や洗濯を怠ることによる獣臭・悪臭や、ノミ・ダニ等の害虫による全身への刺咬跡がみられることがある。
認知機能や身体能力の低下による自立困難	会話を通して、「担当者の顔を把握していない」、「複数の問題を同時に処理できない」、「話を理解できていない様子がみられる」、「動物の個体識別ができていない」等の認知能力の低下、老いや病気による歩行困難等の身体的な能力の低下といった１人での生活が困難であると思われる特徴を持ち、その結果、動物への世話も十分に行き届いていないことがある。このような特徴を持つことから、ホームヘルパーや介護サービス等が関与していることも少なくない。
貧困	経済的な困窮により、動物引取りの手数料が払えないだけでなく、家賃や公共料金の未払いといった状況もみられる。日雇派遣労働の収入や年金、知人からの支援等によってある程度の収入を得ていることもあるが、金銭の適切な使い方ができていないことが多い。
周辺への暴力	近所の住民への暴言や威嚇的行動や、自治体職員の訪問に対して暴れる等の攻撃的な態度での抵抗がみられる。常時そのような態度となるわけではなく、自治体職員だけには温和な態度を取ること（その逆もあり得る）や、動物の話になると態度が急変するといった、特定の人物または話題にのみ攻撃的な態度を取る場合もある。
動物への固執	動物の所有権を放棄しようとしない、または殺処分や不妊去勢手術へ非常に強い抵抗感を示す。なお、当事者の住居とは別の場所で動物を飼育している場合もある。
サービス拒否	保健医療や社会福祉サービスを拒否する傾向が強い。病気を罹《り》患していたとしても医療機関への受診に行かないため、症状が悪化し、結果として本人と動物の生活状況が悪化する。
アルコール等への依存	指導の度に飲酒した状態で応対するといった、アルコールやギャンブル等への依存がみられる。動物に対しては、特定の１頭に特別な愛情を注ぐことや、睡眠時間を削って動物の世話をする等、他タイプ以上の変わった動物への依存がみられることもある。

表12-２　多頭飼育者が有する特徴

環境省「人と動物と地域に向き合う多頭飼育対策ガイドライン」13頁より修正の上作成（令和元年度 社会福祉施策と連携した多頭飼育対策推進事業アンケート調査結果」に基づき分析）

【飼い主の様子（具体的描写）】

飼い主の様子については、自由記述欄を設けたのですが、それが数十ページにわたるほどの量になりました。三八五事例について、それぞれ事細かに全国の担当職員が記載してくれたのです。ごく一部ですが、紹介しますと、以下のような感じです。

・飼い主本人が菜食主義者で、犬にもそれを強要し、また年寄りの親に暴力を振るう。

・聴覚障害があり、近隣からの苦情を客観的にとらえることができず、筆談でもどかしくなると怒り出してしまう。他方で、不都合なことを指摘すると、自分は耳が聞こえないと言う。

・日常の言動からは、多頭飼育による迷惑行為の飼い主とは思えないが、猫の話題になると人格が変わり、攻撃的になり、保健所の指導や助言を聞かない。

・本人が入院し（あるいは逮捕され）、残った家族が精神性疾患を持っている。

こうした飼い主への交渉を、動物愛護管理担当の職員のみが行うのは到底不可能です。障害者福祉、精神保健の専門家や担当者の助力なくして問題の解決が難しいことが明らかになったと言えましょう。

（4）動物の状況

続いて、多頭飼育問題に関わる動物の概要は以下のとおりです。

・動物の種類（複数の種類を飼育していることもあるため合計は一〇〇％を超える）
　猫六一・六％　犬四五・二％　ウサギ・鶏・その他の鳥類三・八％
・飼育頭数　一〇頭未満一五・八％　一〇頭以上〜三〇頭未満五二・二％　三〇頭以上三〇・六％

つまり、一般市民による多頭飼育問題の場合、二〇〜三〇頭前後のケースが多いようです。この辺りも、多数の動物を繁殖している第一種動物取扱業者、多数の動物を保護している第二種動物取扱業者での数百頭に及ぶような劣悪飼育とは少し傾向が異なります。大量に繁殖・収集するというのではなく、不妊去勢手術できなくて結果として増えてきて、一般の家屋では周囲から騒音・悪臭等で気付かれる程度の数字なのだと思います。

動物たちの状況については、図12-2のようなデータとなりました。

動物たちの様子を具体的に描写した記載を見ると、以下のようなことが書かれています。

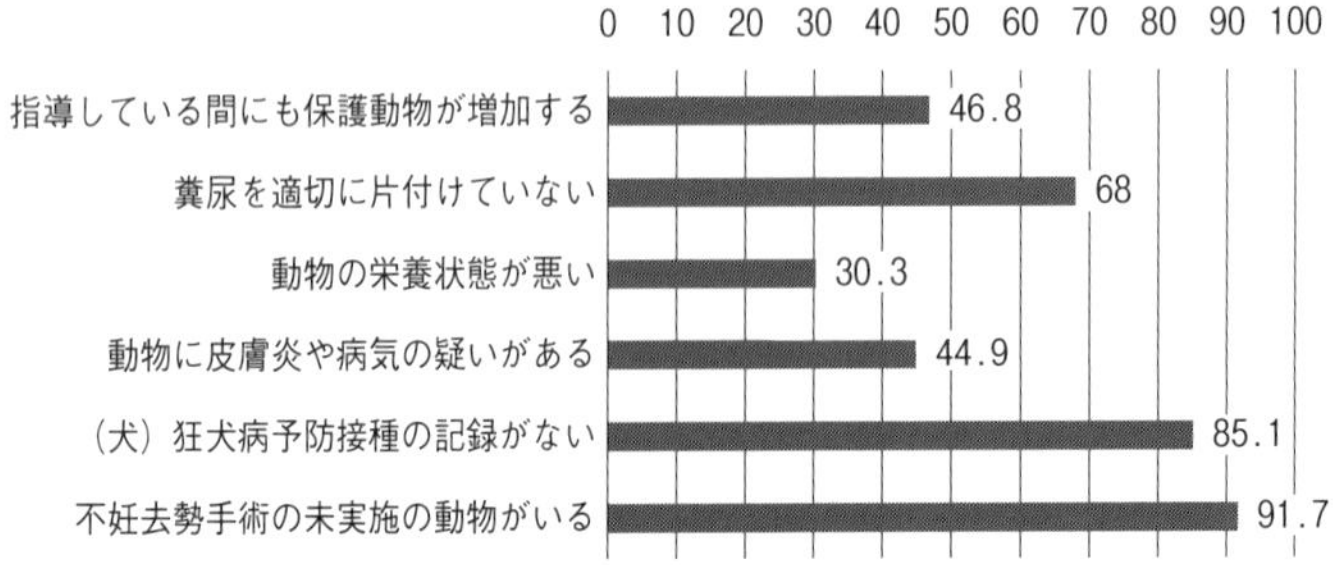

図12-2　多頭飼育状態の動物たちの様子

- ・ノミやシラミがおり、アレルギー性皮膚炎で脱毛。体重が正常個体の半分以下と思われる個体もいる。近親交配による足の形成不全による奇形も見られる。
- ・目視できるほどの腫瘍や感染症の罹患が認められる。
- ・長毛種だが毛玉はなく、きれいな状態。性格も友好的で訪問者にはしゃいでじゃれつく。ただし、近親交配で、流産・死産・奇形・虚弱体質。
- ・妊娠、子育て中の猫と、それ以外を階を分けて飼育。給餌・給水はされており、目やにの個体が見られた程度。

こうした動物たちの状態把握のためには、飼い主の支援を意識した福祉関係者だけでは対応できません。獣医師資格を持つ動物行政の担当職員が向き合う必要があります。ただし、公務員だけでなく、獣医師会や開業獣医などの専門的知見の支援が必要なこともあるはずです。動物愛護管理法に規定された動物を取り巻く関係者の連携は、やはりとても重要です。

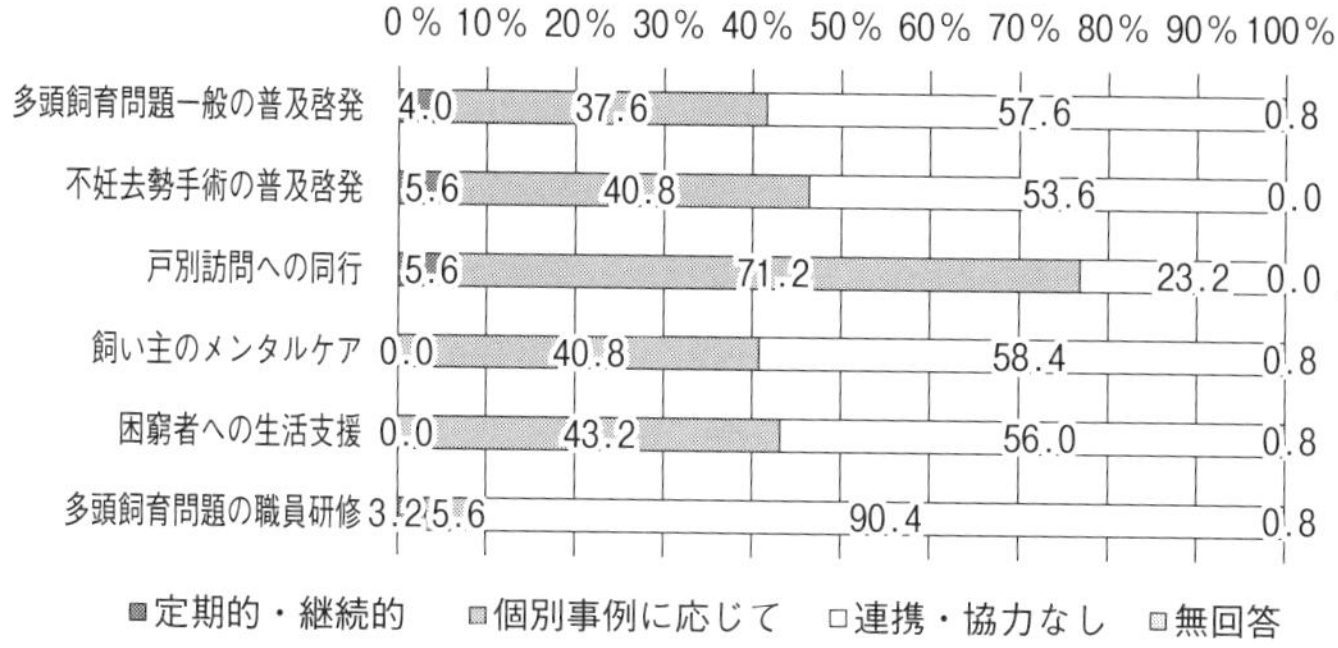

図12-3　多頭飼育問題をめぐる福祉部局との連携

（5）多機関・多職種連携の進捗状況

それでは各自治体で、現時点で、多様な関係者との連携はどの程度進んでいるのでしょうか。

【関係者との連携の進捗状況】

まず、福祉部局との連携・協力の状況ですが、図12-3のような回答になっています。個別事例に応じて現場で連携することがあっても、システムとして定期的・継続的に連携する努力を始めている自治体はほとんどないことが分かります。

また、福祉関係者以外の多様な関係者との関係を見ると、以下のとおりになっています。

・自治会・町内会　（多頭飼育者に対して）
　心配している三二・二％　非難している六七・八％
・ボランティア等　（多頭飼育者に対して）

非難している一三・三％　支援しようとする三三・二％

・獣医師会・民間の動物病院

　不妊去勢手術等に協力している一二・八％

・社会福祉協議会・民生委員

　本人との対話に際し、協力している一八・四％

多頭飼育問題は、鳴き声による騒音や衛生管理ができていないことによる悪臭・害虫の発生を伴うため、近隣から見れば大変な迷惑行為とされることが多いです。また、それだけ社会的孤立をしている状況は、全てが本人の責任には帰せられないとはいえ、やはり頑固であるとかコミュニケーションが歪曲されてきた経緯があるはずで、地域住民から見れば非難の目線を向けるのが多いのは当然と言えましょう。ただ、三割強の事例で、近隣が心配してくれているという回答が寄せられたのは、有り難い地域の人情であると思います。

他方、動物保護のボランティアは、非難もしたいけれど、何とか動物を救護するためには支援をしなければと覚悟して頑張ってくれているのでしょう。

そうしたなかで、獣医師会や民間の動物病院が、動物愛護管理行政などとの連携に消極的なのは、やはり残念なところです。また、社会福祉協議会や民生委員など民間の福祉関係者が、本人との対話に協力しているという比率も二割に届かず、ここをどう仕組みとして作っていくかが問われます（ただし、獣医師会や民間病院による協力の比率より多いのは印象的です)。

【連携による解決】

解決方法に関わる自由記述欄を見ると、連携が解決につながった事例が幾つも書かれています。というよりも、解決につながった事案は、必ず動物愛護管理部局以外の関係者の協力・連携がありました。例えば、以下のような記述です。

・社会福祉協議会の勧めで飼育者がデイサービスへ通い始めたところ、犬に対しての依存が軽減して引き取りを実施できた。継続して飼育を認めた個体は、獣医師会対応で狂犬病予防接種がなされ、ボランティアの協力で不妊去勢手術を実施した。飼育頭数が減少したことにより飼育状況が改善した。

・地域包括支援センター、法テラス弁護士、社会福祉協議会、動物愛護団体、保健所の関係者が一堂に会して、ケースカンファレンスを行い、情報共有・方針決定をした。治療・手術・引き取り・譲渡は保健所と愛護団体が対応し、認知症の飼い主についてはヘルパーが根気よく指導したところ、状況が改善した。

また、福祉関係者も含めた会議体のある自治体は、行政組織外のボランティアや民生委員、動物病院との連携や、警察との連携もスムーズである様子がうかがえました。

(6) 多頭飼育者への若干の考察

ここまで総ページ数が約二〇〇ページにも及ぶ全国の多頭飼育問題の調査の結果を説明してきました。ほかにも多数の情報がありますので、ご関心のある方は、是非とも調査票と結果を参照していただければと思います。

ところで、調査と同時並行で、個人的にご縁のある保護活動ボランティアのご意見もお聞きしてきました。多頭飼育の現場に踏み込み、当事者と向き合ってきた草の根のボランティアの声は、胸に迫るものがあります。ここで幾つか紹介させていただき、改めて全国データと照らし合わせ、私自身が調査結果に対して感じたことも、ここで記しておきたいと思います。

【多頭飼育者に向き合うボランティアの声】

お一人目は、東京都内で、猫の保護・譲渡活動や地域猫活動を続けてきた動物愛護推進員さんのお声です。

外の過酷な環境で生きなければいけない猫たちよりも、飼い主の間違った愛情（?）で、生き地獄のような生活を強いられる飼い猫の方がよほどツライのではないかと思います。

こういうケースは、やはり飼い主さんに「お金」と「相談する場」がないことが原因です。お金がないから手術ができない、行政に相談してもどうにもならない。とはいえ、行政がすぐには対応できないことも分かりますし、相談者に冷たい態度を取る職員のことも理解できます。

私のところにはネット環境にない高齢者を含め色んな人から相談が来ます。いきなり失礼な態度だったり、猫の事を考えると許せないものばかりですが、最後まで聞くと共感できる部分が少しはあるものです。みんな元は猫が好きで優しい人です。そして、あちこちに相談して何処からも冷たくあしらわれたと言います。だから本人には極力批判をしません。そういう時に助けてくれる人と場所が必要です。

（むさしの地域猫の会）

お二人目は、私が直接お聞きしたわけではないのですが、日本動物愛護協会が取材した事例のご紹介です（日本動物愛護協会会誌『動物たち』二〇一八年七月号を参照）。猫の排泄物と新聞を積み重ねて三〇センチも床が底上げしていた多頭飼育崩壊の現場で、都内のボランティア団体が多数の猫を救護した際のエピソードです。

大人しそうな子からキャリーに入れ、表に出すと、彼（飼い主）は猫の前に座り込み、何か話しかけているようでした。一匹一匹にお別れを告げていたのです。

彼は、少しずつこうなった経緯や自分のことを話し出しました。始まりは顔見知りになった猫を雨の日などに可哀想だから家に入れて上げる程度だったこと。（中略）そのうち大家からせめられるようになったが、猫を見捨てられなくて、家に閉じ込めるようになったこと。だんだん猫の数が制御できなくなり始めたが、助けを求めるすべが分からず、同時期に仕事も失い、何もできなくなっていってしまったようでした。

持病を抱えた彼の前に現れる人物は皆一方的に自分の感情をぶつけ、彼を非難することしかできませんでした。無力な人間を責め続けても、誰の望む結果も得られないのです。

（ねこねこ亭の小さな命を守る会）

いずれも、「動物が可哀想」という主張だけでなく、社会の課題を切実に感じているお声です。自治体からの情報提供と検討会委員の専門的な知見だけでなく、こうした現場で奮闘するボランティアの考えに向き合っていくのも、ガイドラインの作成過程で重要な作業でありました。

【アニマルホーダーという概念のリスク】

ここまで本書では、アニマルホーダーという単語を極力使わないように留意しています。英米の動物虐待防止団体などが頻繁に用いる単語のようですが、多数を飼育しているという客観的な描写を超えて、英米でイメージされている人物像のまま日本で使って良いのかと考えると逡巡するのです。

アニマルホーダーとは、英米で動物の保護を目指す活動家や研究者が用いていた単語のようです。その後、アメリカの精神医学会による『精神疾患の分類と診断の手引き（第五版）』（Diagnostic and Statistical Manual of Mental Disorders, Fifth Edition、通称ＤＳＭ－５）におけるホーディング（Hoarding Disorder、ため込み症。ただし、Disorderという単語を障害と訳すか症状と訳すか様々な議論あり）の項目に、「動物を対象にする人々もいる」という記載が追加されたことで、この概念の正当性が確保されたと動物関係者の間で主張されているようです。

このＤＳＭ－５におけるホーディングの説明をしっかり読んでみます。それによれば、ホーディングとは、古着や本やバッグなど客観的な価値があるかないかにかかわらず、自分が収集したものを捨てたり手放したりすることができない症状で、にもかかわらず無料のものや他人が捨てた物品を、自宅等のスペースの限界を超えて不必要なまでに収集し、生活スペースを圧迫していてもなお処分を受け入れられない行動障害と定義されています。そのなかで、アニマルホーディングについて記載があるのは、実際には数行のみです。「動物を多数集めてしまい、最低限の栄養や衛生管理、獣医学的ケアができず、病気や飢餓や死亡、過密や不衛生など動物の飼育状況を悪化させる状況」であるとされ、「物品を集めるのと最も異なるのは、格段に不衛生になることと動物の多頭飼育に関する判断力の弱さ」という記述がされています。

確かに状況としてはそのとおりです。多数を飼育していて十分な飼育環境を提供できず、さらに「捨てることができない」「手放すことができない」という点は、日本の多頭飼育の事例も同じです。

しかし、日本の多くの事例は、本来の「ため込み症」の定義とは、少しニュアンスが異なるようにも感じるのです。一般市民の多頭飼育者は、過剰に収集するというより困窮と判断力不足とで不妊去勢手術ができず「増える」のです。「増やす」とか「際限なく次々と集める」という精神状況とは少し違います。

確かに、動物の繁殖業者が大量に繁殖するのは、明らかに利益を期待してのことであり、意図的に「増やし」ています。また、保護感情があっても資力やスペースが足りない保護シェルターが、さらに保護したり、他団体に対して「うちで保護します」と名乗り出たりすれば、意図的に「集めている」ことになります。ただし、これらの多頭飼育問題については、発生の背景も対処方法も異なることは説明したとおりです。

他方、一般市民の多頭飼育は、最初は「私が保護してあげたい」と拾ってくる側面があるにせよ、保護する行為自体は最初の数頭だけということが多く、あとは不妊去勢手術を行う経済力・体力・判断力がなくて「いつの間にか一気に増えてしまう」パターンが多いことが、これまで説明したデータから見えてきたわけです。

つまり、英米では能動的な集め方をしている事例が多いと聞いていたわけですが、日本の場合は受け身的で、経済的困窮や社会的孤立、体力の衰えによる不妊去勢手術の未実施がベースにあることが調査から読み取れたのでした。多数の事例を見ても、ホーディングという精神疾患・障害よりも、認知症や発達障害、軽度の知的障害によるセルフネグレクトの可能性が示唆されていました。

そうであるならば、多頭飼育者に対して「アニマルホーダー」「劣悪な動物虐待」「ネグレクト」というレッテル張りをする前に、むしろ福祉のネットワークで、そうした困窮者や社会的孤立者、判断力が不十分なまま動物を飼い始めている人を一刻も早く見つけ、飼い主の生活支援とセットで対処した方が、不幸な動物を生み出さずにすむわけです。もちろん、既に多頭飼育「崩壊」となっている場合は、ネグレクト・動物虐待の事件として、毅然と証拠を押さえて警察とともに対処する必要もあると思います。でも、多頭飼育の予防と早期解決という観点からは、特殊で奇異な人物としてとらえるよりも、福祉政策の対象者として多機関・多職種連携で向き合う方が効果的と言えるのではないでしょうか。以上は私の私見ですが、今後さらに事例やデータが集まれば、より正確なことが見えてくると思います。

なお、「物品を集めることとの最大の違いは、格段の不衛生さ」と記載されているDSM-5には、動物たちの繁殖力や不妊去勢手術の重要性については記載がありません。人間の精神医療の診断書ですから動物の身体についての記載がないのは当然かもしれませんが、となれば「増える」と「収集する」の相違が十分に踏まえられていない可能性があります。いずれにせよ、問題を予防する・解決するという観点からは、「アニマルホーダー」と一括りにしない方が無難ではないかというのが日本の公共政策の研究者としての見解です。

13　ガイドラインの策定

ここまで説明してきたとおり、多頭飼育問題の背景も状況も千差万別です。それでも重点的に対処すべき課題が、全国調査によってエビデンスに基づいて示されたわけです。そこで、アンケート結果を受けて各委員から提示された助言や意見を反映しながら、いよいよ多頭飼育対策のガイドラインの執筆に着手することになりました。

（1）調査結果を受けての議論

【飼い主について】

飼い主に対しては、社会的孤立や困窮、そして人生の様々な挫折経験などが明らかになったことで、その孤立感とアフターフォローへの意見が出ました。「不適正な多頭飼育は問題だが、一〜二頭であれば上手く飼えるように支援していくという方針もありだと思う。動物がいなくなってしまったら本人への支援は終了ではなく、その人を見守りながら地域として接触していく必要がある」という声です。また、数を減らしたところ適正飼養をできるようになった事例もあることから「全頭取り上げるのではなく、本人の希望と飼養継続の可能性を考慮し、一部を残している成功事例にも注目すべき。動物虐待罪として警察の強制力を期待するのも解決方法の一つではあるが、基本的に動物を取り上げる方向になる。動物を取り上げれば解決する場合もあるかもしれないが、心の穴を埋めながら動物と共生していくという解決を考えねばならない側面もある」というご意見も出ました。

　こうして飼い主に寄り添う方向性に議論が向いたときもあれば、やっぱり思い返してみれば飼い主の問題行動を許容してはならないという雰囲気に議論が向かうときもありました。例えば、「警察のほかに、弁護士が介入したことで劇的に変わったという事例も多数あった。強制執行、訴訟、損害賠償請求、強制退去の可能性を法的に匂わせると、相手も少し目が覚めるといった動きがある。検討会の目的は社会福祉施策と連携するというのが基軸ではあるが、ガイドラインには毅然とした対応についても加えておく方が良いかもしれない」という声も出されました。

　いずれにせよ、飼い主本人の自覚の喚起をどうするかがポイントです。動物の飼育に関わる作業を一つ一つリストアップすると、餌をやるという簡単な作業から、糞や尿の始末、ごみを分別して捨てる、社会化する、散歩に連れていく、動物病院に連れていくために捕獲する、連れていって相談をするなど、いろいろあります。となれば、手間暇の掛かる飼育作業を整理して、どこで多頭飼育者が転ぶのか、どこが大変で引っかかるのかということを分析した上で、多頭飼育の何が大変であるかを具体的に説明できることが必要になります。「そんなに増えると世話がしきれないでしょう」という大雑把な説明では、相手を説得できないものです。

そして、飼い主の自覚を喚起するためのテクニックの助言もありました。それは、飼育している動物のリストを作成させるというものです。例えば、動物の頭数、性別、年齢、毛色、避妊去勢手術の状況などの記述に加えて、写真などを付けた一覧表を作ってもらうことで、当事者に自覚を促せるというのです。そうすると、実は飼い主がどの個体をいちばん気に入っていて残したいと考えているかなども見抜けるとのことでした。

【動物について】

次に、動物の状態に対しては、ネグレクト飼育の判断や不妊去勢手術に関わる議論がなされました。先に記したとおり、獣医師会との連携が弱いことに関して「ネグレクト飼育に関して、動物病院から情報が上がるケースが少ない。ネグレクトという概念をきちんと現場が理解することや、不妊去勢をしない飼い主に対してどういう認識を持っていくかが大事になってくる」という意見や、「感染症以外にも、寄生虫など多頭飼育で環境が悪いなかで増える問題がある。また、近親交配が進むなかで遺伝的な異常が出ているケースもある。さらに治癒の見込みがない病気や攻撃性などの例もある。行政だけではなく、獣医師や動物行動学の専門家も含めて対応しなければ、難しいと思う」という指摘がなされました。

そして、改めて、不妊去勢手術の重要性が話題になりました。アンケート全体を見渡して、「不妊去勢手術ができていないことが一番の課題。数頭しかいなかったのが自然発生的に繁殖して増えてしまい、多頭飼育になっている傾向がある」という指摘がなされました。また、「成犬や成猫を不妊去勢手術の未実施状態で一般の飼い主が自宅で飼育し続けるのはとても難しい。にもかかわらず不妊去勢手術をしていないということは、それだけでも経済力や判断に問題があり、黄色信号・赤信号だという認識を持つべき」と、多くの自治体で一〇頭以上を多頭飼育条例の対象にしているものの、福祉関係者との連携によって、さらに早い段階で見抜くことの大切さが指摘されました。そして、不妊去勢手術の費用について「一頭だけであれば二～三万円の手術代ですむのに、二ヶ月経てば数頭に増えて対処するコストも一〇万円程度になる。さらに時間が経って一年もすれば、数が増えて手術代も膨れ上がり、関係者の労力という社会的コストも発生する。所有者のいない猫対策のみではなく、屋内で飼い主もいるけども適正飼養ができない人たちの不妊去勢手術の費用問題を真剣にとらえて早期介入しなければ、結果として社会的コストが半端ないものになっていく」という指摘もありました。私個人としては、一般の飼い主のモラルハザードを抑止した上で、自治体行政の助成制度や大手動物愛護団体による助成制度を構築できないだろうかと、今も悩んでいるところです。

【関係者の情報共有について】

そして、「初期の段階で情報共有することが重要。ガイドラインが重視すべきなのは早期発見であるべきで、大変なことになる前に発見して予防につなげるということが重要なコンセプトだと思う。そういった点で、常日頃から関係者が情報交換をする場が必要」という声が上がりました。

私からは、社会福祉行政と動物愛護・公衆衛生行政の視点の相違について指摘させていただきました。動物愛護管理部局には獣医師の職員が多く、公衆衛生や食品衛生、動物の飼育管理など、基本的には規制行政に慣れています。彼らは、監視指導する業務が多く、特定の個人をサポートするという発想で行政を見ていません。他方、福祉系の職員は、社会一般に向けてというより、個々の対象者に対して実際の現場で、ケースバイケースで対応しています。福祉行政は給付行政と言われ、一般の人々を規制するのではなく、何かを与えて、支援して、相談に乗るという発想です。発想の異なる分野の行政職員が連携しようと思えば、規制・指導の目線で対応するのか、一人一人の生活を支えていくのか、発想そのものが違うことを互いに認識する必要があります。そして、立場の相違を乗り越えて、お互いがどう連携できるのか考えていかねばなりません。この共通認識の構築のために、ガイドラインを策定した後にも関係者を支える議論が必要なはずです。

（2）ガイドラインの執筆作業

こうして、大量のデータと多分野の専門家からの知見がほぼ出揃いました。いよいよガイドラインの執筆となるわけですが、二〇二〇年夏頃から着手したこの作業は、本当に大変でした。データ量、情報量が多すぎるのをどういう順序で整理するか、また、社会福祉と動物愛護の両面にわたる政策を俯瞰し、それぞれの法制度を理解した上で、現場の実務家にとって理解しやすいガイドラインにするにはどうしたら良いか、章立ても文章表現も、本当に悩ましい作業が始まりました。

それらに加えて、途中で二つの「想定外」が加わりました。

一つ目は、環境省動物愛護管理室の人事異動です。検討会の途中で、三人の担当者全員が入れ替わったのでした。これまで、自治体との意見交換会、長野県での勉強会、全動協の大会、検討会立ち上げ、さらに全国の事例調査の設計・分析に一緒に関わってきた担当者が、順に人事異動となり、事務方三人がフルに入れ替わってしまったのです。厚労省との連携の道筋を付けてくれた彼らと最後まで一緒に仕事をしたかった……という個人的な感傷はさておき、新事務局となった三人に、これまでの議論の流れを理解してもらう必要がありました。そのため、リアルな場での初顔合わせとなった座長打ち合わせでは、四時間半の打ち合わせを行いました。お互いに脱水症状手前になるまで、概念の整理や法制度の確認、自治体の現場の雰囲気の共有などを行いました。

このように引き継ぎ作業が大変であったとはいえ、この総入れ替えの人事異動には大きなプラスの効果がありました。情報量が多すぎる上、多様な関係者の思いが交錯するテーマを、新事務局となった三人が、新しい目線で整理し、大胆に構成を考えてくれたのでした。もともとの骨子案の目次構成は八章仕立てになっていまして、あのままでは分かりにくかったと思います。結果として三章仕立ての分かりやすいガイドラインになったのですが、それは新事務局三人の踏ん張りのおかげです。

もう一つの想定外は、コロナ禍です。ガイドラインの原案の最終調整作業は、検討会が立ち上がった当初は、現地視察も兼ねた委員の合宿型会議で集まって膝詰め談義することを想定していました。しかし、コロナ禍となり、集まろうにも集まれません。とはいえ多頭飼育問題は、言葉遣い一つで反発を受けたり偏見を生んだりしかねない難しいテーマですから、細かいところまでチェックが必要です。

そこで、事務局が一定量の原稿を書き上げると、その後に各委員のところを回って意見を集め、そこで出された大量の修正コメントを再び事務局がまとめて原稿を修正し、さらにそれを各委員が真剣に読んでチェックするという作業を繰り返し行うことにしました。また、看護学や獣医学、官民連携に関する専門的な内容は、検討会の委員が分担して執筆することにして、それもまた他の委員に書きぶりをチェックしてもらう……という作業が続きました。度重なる修正で、原稿ファイルのコメント欄や修正履歴が凄まじい量になり、私の仕事は、議論を仕切る座長ではなく、文章表現の確認から「てにをは」のチェックまで、まさに雑用係の様相でありました。

でも、作業を通じて、新事務局と委員の信頼関係が強まっていったと思います。だからこそ、最後の会議は全員で集まりたかったです。しかし残念ながら、ガイドラインの最終案を検討する第六回は、二〇二一年二月、緊急事態宣言下での開催となり、事務局と座長だけ会場に集まり、他の委員は全員オンライン接続の形になりました。集まれなかったのは寂しかったですが、しかし、その最終段階に及んでも容赦なく新たな意見や修正提案が浴びせられ、事務局は全力での修正対応をすることになったのでした。

異動前・異動後で室長を合わせて合計七人の動物愛護管理室の担当者、さらにコロナ禍の影響を直接に受けながらも常に参加してくれた厚生労働省の担当者、そしてアンケートのデータ整理やファイルの管理など多大な作業を請け負ってくれた調査コンサルタント会社のスタッフは、よく頑張って下さったと思います。その背景には、全国の自治体やボランティア団体からの情報提供と期待があったわけで、今思い返せば、本当に大変な政策立案作業でありました。

(3) ガイドラインの完成

こうして、準備段階から数年掛けて、二〇二一年三月に「人、動物、地域に向き合う多頭飼育対策ガイドライン　社会福祉施策と連携した多頭飼育対策」が完成し、公表されました。ガイドラインの表紙を見ていただくと、これまでの環境省動物愛護管理室が公表してきた報告書とはずいぶん雰囲気が違います。これまでは幾何学的な模様の表紙が多かったのですが、思い切って全面的に写真です。しかも、日本のどこにでもありそうな穏やかな住宅街の風景の中に、老若男女の笑顔と動物が一緒に並んだ写真が浮かんでいます。社会福祉という観点から多頭飼育問題にアプローチすることを想起してもらえる表紙であると思います。

内容は、以下のとおり、三章構成です。

第1章　多頭飼育問題の定義・実情・調査結果の考察
第2章　予防と解決に向けた具体的対応策
第3章　各地の取り組み事例

ガイドラインが最も大切にしたのは、問題の背景には、飼い主の経済的困窮や社会的孤立等が複雑に絡みあっており、「人」と「動物」の別々の問題として対応するのでは解決が難しいという考え方です。そして、動物愛護管理行政、社会福祉行政以外にも、公衆衛生行政、警察行政を横断する問題であり、多分野の関係者が連携して取り組むことが求められるという視点です。多頭飼育問題の背景を一つ一つひもといて、どこが解決の糸口か考え、そして予防のためにも解決のためにも多機関・多職種連携の体制を整えていくこと、これは最初から最後までずっと揺るがない基軸でした。

ガイドラインの本体も、かなり重量感があります。とはいえ、そこで細々と触れられるエッセンスは、これまでの政策立案のプロセスにおいて自治体や検討会の委員から語られた内容（つまり本書で紹介してきた知見）ですので、ここでは、第2章の具体的対応方法のごく一部を紹介するに留めておきます。全文がネットで公開されていますし、各種のチェックリストも雛形を掲載してあります（https://www.env.go.jp/nature/dobutsu/aigo/2_data/pamph/r0303a.html）。

画像13-1　多頭飼育対策ガイドラインの表紙

【第2章　多頭飼育問題への対応】

第2章では「多頭飼育問題への対応」と題して、官民を超えた多様な主体・関係者による連携の必要性を明記し、予防、発見、発見後対応、再発防止という四段階の作業をまとめています。

第一の「予防」というのは、広く一般に向けて行う「ポピュレーションアプローチ」を積極的に展開することです。飼い主や一般住民を対象に、多頭飼育のリスクや防止策、相談窓口について情報発信することが大事であり、この情報発信は、飼い主だけではなく、家族や親族、近隣住民等に周知することにも意味があります。多頭飼育問題が深刻化する前に周囲が気付くことが期待されますし、相談できる窓口を明確化して周知することで、早期発見・早期対応を促す最初の一歩になります。

第二に、多頭飼育問題の「発見」のために、様々な関係者からの以下のような情報探知が重要です。情報が入ってきたときには、早期の段階で動物愛護管理部局と社会福祉部局とで情報を共有することが必要であり、時機を逸しないことが大切です。

・動物飼育禁止の公営住宅で動物飼育、悪臭や鳴き声に迷惑しているとの近隣住民の通報
・飼い主が住んでいる公営住宅を管理する公社の職員からの情報提供
・飼い主と住居立ち退きについて調整していた住宅等管理業者からの相談
・飼い主が動物愛護管理センターへ、増えた動物の引き取りについて相談
・飼い主が病気になって入院しなければならなくなったとの親族から保健所への相談

・生活保護のケースワーカーが飼い主の家庭訪問時に探知し、情報提供
・民生委員、地域包括支援センター、社会福祉協議会からの相談
・保健所の保健師が飼い主の新生児訪問時に発見し、情報提供
・入院していた飼い主が退院し自宅に訪問した介護支援専門員の情報提供
・飼い主の子どもの悪臭からネグレクトを疑った学校関係者や児童福祉司などからの通報
・頻繁な動物の死体の持ち込みから虐待を疑った動物葬儀関係者からの通報
・購入を繰り返す飼い主の行動を不審に思ったペットショップからの通報

第三に、既に多頭飼育状態が深刻化していた場合、つまり飼い主の努力だけでは解決困難な状況の場合には、自治体や関係機関、団体等が連携して対応する必要があります。それが「発見後対応」です。まずは、状況把握チェックシートなどで課題の整理を行い、連携すべき関係者を抽出し、その上で、a飼い主の生活支援、b動物の飼育状況の改善、c周辺の生活環境の改善の三つの観点から対応策を考えていく方法を整理しています。

まず、a飼い主の生活支援です。支援が必要な飼い主を、それぞれの事情・要因に応じた社会福祉施策につなぐことが必要です。具体的には、支援を受けるために必要な相談・申請等を本人にやってもらうか、あるいはそれを補助することになります。その際には、該当する家庭が、貧困・生活困窮状態なのか、高齢者の介護・生活支援が必要な状態なのか、心身に障害を抱えていることへの支援が

必要なのかなど、福祉施策のどのカテゴリーに当てはまるかを考えていく必要があります。こうしたプロセスで留意すべきなのは、飼い主へのアプローチを、拙速に結果を求める姿勢で行ってはならないということです。信頼関係を構築しながら行うために、もともと飼い主と信頼関係のある親族や近隣住民、福祉関係者等キーパーソンの関与が重要なこともあります。

次に、b動物の飼育状況の改善が必要です。何はともあれ、動物がこれ以上増えないように支援や指導を行う必要があります。例えば、不妊去勢手術、動物の逸走防止、家屋の修繕などを想定しています。こうした作業を進めるには、最初に、飼育している動物リストや、動物の状況を記入するカルテを用意して、飼い主本人や関係者に記入してもらい状況を整理する必要があります。

また、不妊去勢手術の費用や地方自治体の引き取り手数料が負担できない経済状況の場合も考える必要があります。自治体の助成や動物愛護団体による支援があれば、それらを活用することになります。そして、動物の健康状態の改善が見込めない場合は、所有権を放棄してもらう交渉が必要になります。その後、自治体やボランティアが譲り受けて、新たな飼い主への譲渡につなげる必要も出てきます。ただし、様々な対応を進める際には、作業内容や費用負担等について、飼い主や自治体、ボランティアなどの関係者であらかじめ調整を行っておくことが重要です。

なお、必要に応じて、法令に基づく厳格な対応を行うべきときもあります。つまり、動物愛護管理法第二五条に基づく勧告、命令等を行い、それでも状況が改善しない場合など、動物愛護管理法第四四条に基づき刑事事件として対応することもあり得ます。狂犬病予防法に基づく登録や予防接種をしていない場合は、法令違反として対応するのも一つの方法です。

そして、c周辺の生活環境の改善も必要です。多頭飼育問題に陥っている場合、悪臭や害虫の発生も含めいわゆるゴミ屋敷のような状態になっているケース、周辺の生活環境を悪化させている場合も多いです。そこで、悪臭や害虫の発生原因となっているごみや汚物、動物の死体等の処分を、飼い主自身か飼い主が依頼した清掃業者等に行わせる必要があります。これらの対応を、飼い主自身が行うことができない場合、また業者に依頼する経済力がない場合は、行政職員による対応や、ボランティア等の地域の協力を仰ぐ必要があります。この場合も、作業内容や費用負担等について、あらかじめ調整を行っておくことが大事です。

ただし、必要に応じて、法令に基づく厳格な対応を行うべきときもあります。建物の明け渡し請求や強制執行も検討することになります。ごみ屋敷条例やごみ撤去の支援金制度を有する自治体では、これらの仕組みによる手続きを活用することになります。

第四に、「再発防止」の対応をしていくことになります。これは、多頭飼育問題が解決した後に、再び多頭飼育問題を引き起こさないように、飼い主の行動変容を促して、新たな動物の拾得や購入、繁殖による増加を防ぐとともに、近隣住民や関係機関等が飼い主の見守りを行う段階です。

この段階では、飼い主がどのようなメンタリティでいるかを的確にとらえる必要があります。例えば、行政担当者やボランティア等が献身的に取り組んでも、飼い主の問題意識が欠如していた場合は、動物を無理やり取り上げられたという被害者意識や、行政への不満や反発を募らせている可能性があります。再び動物を飼おうという気持ちにもなりやすいので、要注意です。

他方、人間関係をうまく築けずに、動物を心理的なよりどころにしている場合は、不妊去勢手術を施した上で、飼い主が管理できる数の動物を残す対応も考える必要があります。また、飼い主が地域社会から孤立しないように関係行政機関や近隣住民が配慮して、飼い主と地域社会の接点となる場や人間関係を継続させる必要もあります。

いずれにせよ多層的な見守りがあれば、再び多頭飼育の兆しが表れたときにも、早期発見・早期対応ができます。つまり、再発防止の工夫は、新たな多頭飼育問題の予防と表裏一体であると心得ることが大事です。

【第3章　事例紹介】

第3章では、各地の事例を紹介しています。そのなかで、滋賀県甲賀市「こうか人福祉・動物福祉協働会議」の体制づくりと予防の取り組みが素晴らしいので、ここでご紹介しておきたいと思います。

甲賀市では、動物保護ボランティアの呼びかけにより、二〇一八年四月から官民連携の緩やかな会議を設置し、多頭飼育問題をはじめとする人と動物の問題について定期的に情報共有を行っています。参加者は、行政と民間双方の動物愛護管理関係者と社会福祉関係者（つまり四種類の立場の関係者）です。具体的には、甲賀市の生活環境課、医療福祉政策課、障がい福祉課、地域包括支援センターと、滋賀県動物保護管理センター、動物愛護推進員、動物愛護ボランティア等が参画しています。多頭飼

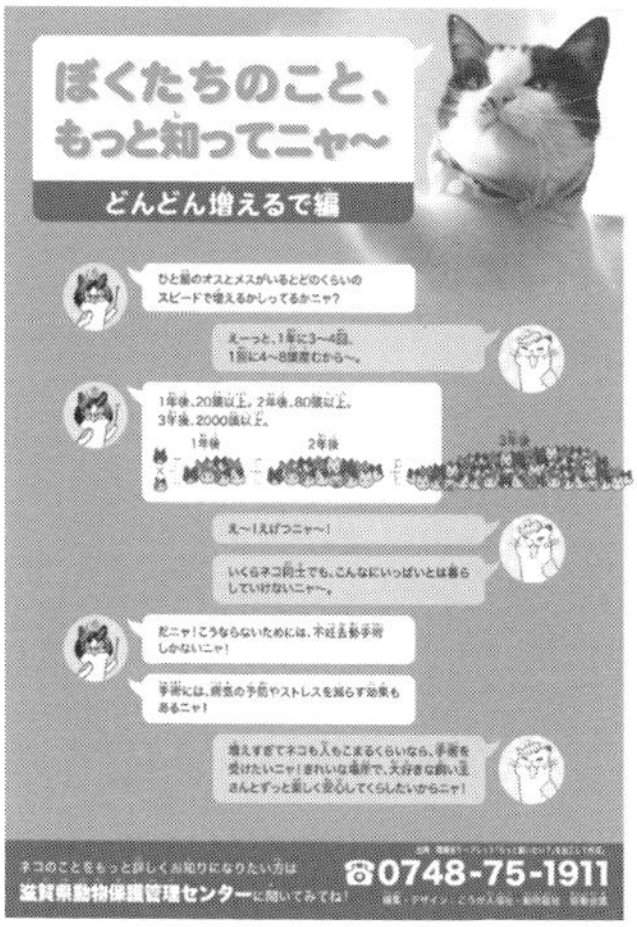

画像13- 2　滋賀県甲賀市こうか人福祉・動物福祉協働会議の普及啓発チラシ

育問題を地域の問題としてとらえ、人と動物の両方にアプローチする基本方針を持ち、また「それぞれの得意分野を持ち寄る」「他者を責めない」という互いを尊重する姿勢で情報共有を続けています。

　こうか人福祉・動物福祉協働会議の巧みさが伝わってくるのが、効果的な予防・普及啓発活動です。しばしば自治体では、普及啓発のチラシにいろいろと情報を盛り込んで一枚で多数の目的を果たそうとします。デザイン費や印刷費等も掛かるからこそ、多くの情報を入れたくなるのは当然です。しかし、甲賀市では、一目で内容が伝わるよう、一枚のチラシのテーマを一つに絞ってターゲットに応じて配布しています。しかも、写真やイラストを利用しながら、ＳＮＳのような会話形式のレイアウトを工夫し、さらに地域の話し言葉の使用、漢字とひらがなのバランスへの配慮で読みやすい内容にしています。パッと見てインパクトがあり、また読んでいて面白いのです。チラシが何種類もあるとお金が掛かってしまいそうですが、そこは動物愛護のボランティアでセンスのある人が上手にレイアウトを作成し、プロの印刷会社に頼まずにプリントアウトすることで経費を抑えているそうです。

世の中で悪い噂は一気に広がるのに、良い情報、模範となる情報は驚くほど広がりません。こんなに広報しているのにと諦めず、これだけ頑張ってもほとんどの人は気が付いていないはずと心得て、繰り返し繰り返し、ストレートに情報発信を続けるのは大事だと思います。

（4）今後の活用に向けて

【環境省と厚生労働省の連名通知】

こうして、「人、動物、地域に向き合う多頭飼育対策ガイドライン」は完成し、二〇二一年三月二六日に公表され、環境省と厚生労働省が連名で、都道府県・政令市・中核市に周知されました。

通知の発信元を見ると、環境省自然環境局総務課長（動物愛護管理室の管轄）とともに、厚生労働省の三つの局、八つの課が揃って名前を連ねてくれています。厚生労働省の子ども家庭局（保育課長、家庭福祉課長、母子保健課長）と、社会・援護局（地域福祉課長、保護課長、障害福祉課長、精神・障害保健課長）と、老健局（認知症施策・地域介護推進課長）です。

さらに、周知先については、動物愛護管理行政を担当する都道府県・政令市・中核市だけでなく、さらなる周知に向けた書き添えもありました。都道府県の動物愛護部局から、一般市区町村への周知を依頼する内容であり、また都道府県の社会福祉部局から、一般市区町村への周知を依頼する内容で、さらには行政組織外部の社会福祉関係者への周知への依頼の記述もありました。さらに福祉部門については、都道府県地域福祉支援計画・市町村地域福祉計画の策定・改定の際に参照することも記載されていて、後からこの通知を全て読んで、本当に驚くとともに、国レベルの関係者のご尽力に感謝の気持ちを抱きました。

【活用方法の提言（最後の検討会より）】

とはいえ、ガイドラインを策定して、日本全国に広がる問題が解決するわけではありません。ここから先が、具体的な予防策・解決策に向けて動いていく段階です。そこで、このガイドラインの活用方法について、第六回の最後の検討会の場で、各委員の先生方に、今後の活用方法についてご意見をいただきました。とても興味深いので、議事録から拾い出して、ここに掲載しておきます。

まず、社会福祉協議会のネットワークを生かした普及を図るという提案がありました。第Ⅱ部で説明したとおり、全国・都道府県・市区町村で社会福祉協議会は大変に広範なネットワークを有しています。地域の見守りの目で、多頭飼育問題の予防や早期発見することに力点を置くべく、支援する福祉関係者の中で共通認識を育てることが重要です。地域の中で情報を認識できるよう、市町村の社会福祉協議会などで勉強会を行うというお声がありました。

第二に、獣医師会や動物関係の学会でガイドラインを共有していくという提案もありました。第Ⅰ部で説明したとおり、やはり動物に関わる問題として、動物の専門家が多頭飼育問題への認識を持ってくれることは重要です。その際に、開業医や獣医師会と自治体とが、連携・協力しやすくなることを目指して情報発信していくことが大事とされました。

第三に、大学等の教育機関で、若い世代を育成していく上で、このガイドラインを伝えていくという声もありました。福祉・看護・保健分野の人材育成、公共政策分野の人材育成など、今後社会問題に向き合っていく世代にとっては、このガイドラインは、良い教材になると思われます。多頭飼育の問題には、精神保健の問題や生活困窮の問題が絡んでいることを伝えることで、分野横断的な対応、公共政策の必要性も実感してもらえることでしょう。

第四に、行政機関が持っているあらゆるチャンスをとらえて情報発信していくという提案もありました。例えば、社会福祉施設の関係者を対象とした講習会、地域の町内会・自治会関係者への説明会、民生委員のセミナー、動物愛護フェア等のイベント、地元獣医師会との定期的な情報交換会、犬猫保護ボランティアを集めたイベントや学校での命の教育の場面など、伝えていく場はいくらでもあるとのこと。そして、行政組織内でも様々な関係部署にしっかりと宣伝し、また地方議会議員に、多頭飼育の問題は地域住民の生活課題だと認知してもらうことも大事だという話になりました。

最後に、膨大な事例やデータを用いて、動物に関わる若い研究者に、多頭飼育に関するデータの解析や研究論文を書いてもらうことで、研究上の関心を惹起することも必要という意見もありました。

　これらの取り組みが進んでいけば、多頭飼育問題の発生自体も抑止していけるかもしれません。不適正飼養への対処ではなく、適正飼養の普及啓発で、人も動物も地域も穏やかに暮らしていけることを目指していきたいものです。

【動物保護活動の現場から】

　最後に、ガイドラインと一連の議論の経緯を、草の根で活動するボランティアさんに評価していただきました。ガイドラインの策定が、現場への押しつけや机上の空論であってはならず、また対策として不足しているところもあるはずです。いただいたご意見は、温かく励みになる部分と、やはりまだ課題が多数あることを実感する部分とがありました。ここに記して、第Ⅲ部の締めくくりにしたいと思います。

山形県内のボランティア活動グループ「えんたね」さん

　現在、対応している案件では、市社協・市役所環境担当・保健所が主体となり進めており、環境省のガイドラインが出たことで、行政の対応が変わりつつあることを実感しています。

　現場では、各部局の職員研修や対応できる予算の確保など、これから必要なことが山積みですが、各所でカンファレンス・実績を重ねて、今後、予防策を含めた仕組みを構築していけるよう期待しているところです。

長野県内のＮＰＯ法人「一匹でも犬・ねこを救う会」さん

生活困窮者の自立相談支援窓口の担当者さんが熱心で、県保健所、市レベルの生活環境課や福祉課、地域包括支援センターなどをまとめて下さるようになりました。多頭飼育者の家族に必要なフォローなども、誰がどのように対応するか役割分担を示してくれます。

こうした問題は、一刻も早く対応できれば良いなと思います。先日、頭数がそれほど多くない時点で早期にこちらに相談が入り、崩壊してからでなく対処できました。

ただ、不妊去勢手術に掛かる費用の捻出は、今はボランティア側の負担になっています。また、各市町村の担当者さんも、積極的に関わって下さる方と苦手意識のある方と温度差があるので、そこをどうしていくかが課題だと思っています。

東京都内のボランティア団体「むさしの地域猫の会」さん

今年から、私が関わっている市では、生活環境と福祉関係の部署が協力して、つらい環境にある飼い猫たちも助けられる道筋を作ろうとしています。各所ができることを持ち寄って、大変なことも多いですがやっていくつもりです。

この動きは、たまたま今年異動された担当者の方が元福祉課勤務だったからなのです。福祉課は福祉課で、とても困っていたそうで、職員さんが自分で動物を引き取ったりしていたそうです。加えて、東京都の補助金の話も出ています。世の中が多頭飼育問題についてきちんと向き合うようになったと感じています。

先日も、市の福祉課からの相談で生活環境の課に間に入ってもらって猫を保護しました。福祉関係部署との連携は数年来の目標だったので、今後もこの仕組みでがんばりたいと思います。

おわりに

動物問題と社会福祉政策という横断的なテーマはいかがだったでしょうか。本書のベースとなった「成城学びの森コミュニティ講座」での講義は、本来の私の専門分野である行政学、地方自治論、公共政策論という視点をお伝えしながら、犬や猫の多頭飼育問題を皆さんと一緒に考えるというチャレンジ企画でした。

本書の最後に、行政学・公共政策の研究者として、皆さんに一つお伝えしたいことがあります。それは、行政や政策というものを一面的に判断しないでほしいということです。動物愛護管理法の話題だけで、行政活動の評価を断定的に考えてはならないということです。動物政策以外にも、様々な政策分野があります。医療政策、環境政策、公共交通政策、産業政策、エネルギー政策……と様々な社会的課題に行政は向き合っています。それらの全体像の中で個々の政策分野の位置づけがあることを忘れてはいけないと思うのです。人員や予算の限界は、目前の担当者の責任とは言えません。行政を多面的に、かつ総体で見ていただきたいのです。

また、行政を眺める場合に、営利企業の社員として見るか、地域の住民として見るか、あるいは行政サービスの対象者として見るか、ボランティアとして見るか、自分の立ち位置によっても評価は異なるはずです。

一つの制度、政策を作るのには、多様な価値観や利害関係、そして深い専門知識が必要で、それらを紡いでいくのにはどうしても時間が掛かります。それでも、丁寧な政策プロセスを通じて、関係者の思いを整理して作った制度や政策は、状況の変化に対しても臨機応変に有効性を保っていけます。今回の多頭飼育対策のガイドラインは、そうした政策立案の一つの見本として、私は誇って良いと思っています。

実際、全国における多頭飼育問題への向き合い方は、今回の政策立案プロセスを通じて大きく変わったと感じています。これまでは、自治体や愛護団体が散発的に対応するばかりでした。ところが、環境省で検討会が立ち上がるのが決まった頃から、まず、メディアの風潮が変わりました。残酷だと煽るのではなく、福祉との連携が必要であると記事を書いてくださるようになりました。また、全国の自治体のご協力のおかげで、様々な背景的要素が明らかになりました。そして、各地のボランティアさんからも、多様な関係者の連携が大切であるとうかがいました。検討会の先生方も、医療、福祉、獣医療、保健、公衆衛生と別々の分野から参加していただき、大変に勉強になりました。ガイドライン策定には、多くの方々の積年の思いとご尽力が詰まっているのです。

とはいえ、ペットをめぐる課題、犬や猫をめぐる社会問題は、また形を変えて出てくるものです。

そのときに、今回の政策プロセスや手法が、他の課題においても役に立てることがあればと思っています。そして改めて思うのは、不適正飼養による一番の被害者は、やはり言葉の話せない犬や猫たちだということです。犠牲となる動物を生み出さない社会を作るために、改めて精進する所存です。

参考文献

社会福祉政策の基盤・考え方

伊藤正次編『多機関連携の行政学』有斐閣、二〇一九年

新川達郎・川島典子『地域福祉政策論』学文社、二〇一九年

宮本太郎「地域共生社会への自治体ガバナンス」『月刊ガバナンス』二〇二〇年一一月号

生活保護制度・困窮者支援制度

稲葉　剛「生活困窮者支援の現場で今何が求められているのか」『月刊ガバナンス』二〇二〇年一一月号

大山典宏「地方自治体の現場での取り組み」『都市問題』二〇一三年五月号

岡部卓「生活困窮者自立支援制度をどうみるか――事業の観点から」『都市問題』二〇一八年八月号

尾藤廣喜「生活保護制度改革のあり方」『都市問題』二〇一三年五月号

鳫　咲子「学校給食の持つ意味――子どもの貧困の視点から」『都市問題』二〇一八年一二月号

岸恵美子「セルフ・ネグレクトの予防と支援の手引き」二〇一七年（平成二四～二八年度科学研究費助成事業報告書）

聞原昌平「貧困と生活保護」シリーズ　https://yomidr.yomiuri.co.jp/feature/hara-hinkon/
北場　勉「大正期における方面委員制度誕生の社会的背景と意味に関する一考察」『日本社会事業大学研究紀要』第五五号、二〇〇九年
澁谷智子「ヤングケアラーの調査と支援」『月刊ガバナンス』二〇二〇年一一月号
全国社会福祉協議会「これからの生活福祉資金貸付事業のあり方に関する検討委員会報告書」二〇一九年三月　https://shakyo.or.jp/tsuite/jigyo/research/20190405_shiikin.pdf
全国民生委員児童委員連合会『地域とともに　民生委員制度の１００年』二〇一七年　https://www2.shakyo.or.jp/old/pdf/100shunen/minseiiin_seido_100nen.pdf
原田佳子「あいあいねっとの活動から見た食品ロスの実態と今後のフードバンクのあり方」『都市問題』二〇一八年二月号
村山伸子「子どもの栄養を支える学校給食――調査データから見る食格差の実態」『都市問題』二〇一八年一二月号
湯澤直美「子どもの貧困対策と生活困窮者支援」『都市問題』二〇一五年八月号
渡辺寛人「生活困窮者自立支援法は貧困問題解決に資するか」『都市問題』二〇一五年八月号

高齢者福祉・介護保険制度

ＮＨＫ取材班「急増する「無届け介護ハウス」の実態と課題」『都市問題』二〇一五年四月号

河井克義「都市部において急増する高齢者の生活実態と孤立問題」『都市問題』二〇一四年四月号
木下　衆「認知症家族介護から見える介護保険の歩み」『都市問題』二〇二〇年四月号
小竹雅子「介護保険の地域支援事業――在宅サービスの抑制装置」『都市問題』二〇二〇年四月号
櫻井和代「介護とは何か――介護問題に向き合う元介護職の想い」『都市問題』二〇二〇年四月号
下野恵子「日本経済を支える介護サービス産業――介護職員の賃金引き上げの方法」『都市問題』二〇二〇年四月号
高野龍昭「介護従事者の処遇改善と人材確保に向けて」『都市問題』二〇一五年四月号
高畑　幸「福祉分野の外国人材の現状と課題――介護人材を中心に」『月刊ガバナンス』二〇一九年一一月号
田村太郎「多文化共生社会の形成とダイバーシティ社会への期待」『月刊ガバナンス』二〇一六年一〇月号
野沢和弘「転換期にある障害者福祉」『都市問題』二〇一七年七月号
樋口範雄「認知症と法」『都市問題』二〇一八年一月号
又村あおい「障害者差別解消法における行政、事業者の役割と取り組み状況」『都市問題』二〇一七年七月号
室崎千絵「集合住宅団地の再生と高齢者の住環境」『都市問題』二〇一四年四月号
森川美絵「「介護の社会化」は何をもたらしたのか」『都市問題』二〇二〇年四月号

矢吹知之「認知症の人を介護する家族への支援」『都市問題』二〇一八年一月号

結城康博「予防給付の地域支援事業化を考える」『都市問題』二〇一五年四月号

厚生労働省サイト　https://www.mhlw.go.jp/stf/seisakunitsuite/bunya/hukushi_kaigo/index.html

全国社会福祉協議会サイト　https://www.shakyo.or.jp/

謝辞

犬や猫が劣悪な衛生環境で多数飼育されていると聞けば、動物を愛する人であれば誰でも憤りや悲しみを感じるに違いない。一人の飼い主である私も全く同様で、信じがたい惨状を報じるニュースを聞いては、苛立ちを募らせるものであった。過去の審議会の議事録を見ると、自分自身も、劣悪な飼育者からの所有権剥奪や飼育禁止命令に関する議論を始めるべきと発言している。

しかし、思い切って法学部の同僚の先生に相談したところ、逆に、所有権という概念の大切さを実感することになった。その対象が動物であれ物品であれ、所有権なる概念は、国家権力に対して国民の権利を守り、また民間人同士の関係の安定性を維持するための基盤であると納得せざるを得なかった。そうであるならば、自らの主張も大きく変えざるを得ない。劣悪な飼育下にある動物たちを救うためには、一にも二にも人間を動かさねばならないと肝を据えることになった。

それでは、働きかけるべき相手は誰か。まずは多頭飼育の飼い主、その家族や親戚である。もちろん、担当する保健所の職員、警察官や獣医師、近隣住民やボランティア、こういった人々にも動いてもらえなければ問題は解決しない。そして、どのように働きかけるか。渦中の当事者たる多頭飼育の飼い主一人を想定しても、ドアを開けてもらう、話に参加してもらう、飼育状態を改善してもらう、室内の清掃の必要性を理解してもらう、動物の所有権を放棄してもらう……と、とにかく人間を説得して動かさねばならない。そして、その多頭飼育者を動かすために、自治体の担当職員や社会福祉協議会の関係者、町内会・自治会やボランティアに、連携・協力して作業や手続きを進めてもらわねばならない。どこまでいっても人に動いてもらう必要がある。

　他方で、様々な自治体関係者やボランティアからの情報が集まるにつれて、家の中は汚れているものの飼い主が犬や猫を愛おしく思っていたり、あるいは天井板を外すまでして家の中で動物たちが自由に動いていたりする（ただし不妊去勢手術していないため数が増え、近親交配による奇形や感染症を抱えている）事例も多いことを知った。この問題を解決したいなら、そして予防したいなら、飼い主を批判する発想ではなく、支援や見守りの観点から人間を動かさなければならないと実感することとなった。

　ところが、かつての私がそうであったように、飼い主への対応の必要性を理解していても、その必要性を心底から実感している方は少ない。ニュースを聞いて憤る一般の方々は、どうしても劣悪な飼育者への反感が先に出る。当然の人の情である。そのため、多頭飼育対策の検討会が立ち上がったときには一〇〇人近くの傍聴者がいたにもかかわらず、動物の飼育環境やネグレクト状態を議論するのではなく、飼い主への支援や説得がメインの話題であると明らかになるにつれ、傍聴者は次第に減っていった。同じコロナ禍の時期に開催されていた動物取扱業者への指導基準をめぐる検討会では、その傍聴席に国会議員・タレント・各方面のボランティア関係者が集結していたのとは、正反対の様相であった。

しかし、多頭飼育対策の検討会の座長としてのプレッシャーは、軽減されるどころか日に日に大きくなっていった。というのは、全国の自治体関係者や福祉関係者、そして多頭飼育崩壊の現場に関わったボランティアから、公表された議事録を読んでいるという声が寄せられるようになったからである。そもそもこの問題は、依拠する専門知識や法制度、日常的な作業の段取りが異なる関係者をつなぐ必要がある。それらを正確に理解し、どのように連携の糸を紡いでいくべきか、自分の知識と思考力を試される日々であった。こうした自分なりの研究と経験をまとめたものが本書である。

もちろん本書は、私一人では書ききれるものではなかった。環境省による多頭飼育対策のガイドラインの完成と成城大学におけるオンライン講座の開講がなければ、書籍としての形をなすことはなかったと思う。ここで、当時お世話になった関係者への御礼の気持ちを記しておきたい。

最初に感謝と労いの気持ちをお伝えしたいのは、環境省動物愛護管理室に所属していた担当者の皆様である。検討会の設立以前から、そして毎回の会議の直前にも、狭い会議室で何時間も論点整理の打ち合わせをさせていただいた。長田啓氏・松本英昭氏・雨宮俊氏・山田健人氏・野村環氏・坂本万純氏・尾崎由布子氏の七人のスタッフ、そして厚生労働省の皆様には、心を込めて感謝の気持ちをお伝えしたい。たとえそれが官僚の本来の職務であったとしても、勇気を持って難題に向き合って下さったことに、一人の動物政策の研究者として御礼を申し上げたい。

そして、その検討会本番で、様々な専門知識と経験談を余すことなく語って下さった委員の先生方に心からの敬意を表したい。横山章光先生・岸恵美子先生・佐伯潤先生・佐藤尚治先生・吉岩裕樹先生・藤田弓美子先生は、年少で経験不足の座長の顔を立てながら、多頭飼育問題の予防と解決に向けた様々な工夫やポイントを示して下さった。全六回の議事録は、孤立に苦しむ飼い主の人権と動物虐待の改善について公的に議論されたことを示す貴重な記録になると思っている。

こうした表舞台での議論にたどり着くまでにも、様々な方々のお骨折りやご尽力があった。議論の礎を作ってくれた環境省の則久雅司氏、厚生労働省の山本英紀氏、長野県健康福祉部の皆様、全国動物管理関係事業所協議会にて一緒に議論に挑んでくださった金谷和明氏・遠山潤氏・寺田善直氏・武田雅人氏にも御礼申し上げる。そして、法学的観点から様々なご意見を寄せて下さった箕輪さくら先生・本庄萌先生・吉田聡宗さんにも、いつも支えて下さってありがとうとお伝えしたい。

他方で、環境省によるガイドライン作成を超えて、動物政策に関する筆者の三冊目の本を公刊できることになったのは、成城大学オンライン講座において、政策分野を超えたクロスセクショナルな講義にチャレンジしたことが直接の契機であった。この「成城学びの森」の運営に携わってきた成城大学の関係者にも御礼申し上げたい。

コロナ禍においては、学生に向けた講義やゼミの準備も例年になく負荷が大きい。そのなかで、広く一般に向けた有料のオンライン講座を行うには大変な緊張感を伴う。開講を逡巡する私に対して、

「先生の講座には社会的な意義がある」と力強く背中を押してくれた成城学びの森事務局の皆様に御礼を申し上げたい。また出版に当たっては、「成城大学科学研究費助成事業等間接経費による研究支援プロジェクト」による助成金を受けている。日々の教育・研究活動を支えて下さる成城大学の教職員の皆様に、勤続二〇年の節目をもって改めて感謝申し上げたい。

そして、オンライン講座は、多頭飼育の現場や、生活保護・障害者支援等の現場で、実際に当事者に向き合ってきた方々の強い信念とご助言にも支えられている。そのなかでも、多頭飼育事案に際して人と動物の両方への配慮を持ちながら奮闘する姿を見せて下さった西村麻衣子氏・松井ルミ氏・山村まきこ氏・沖津由美氏には本当に頭が上がらない。本書の表紙の犬と猫は、彼女らのご尽力によって多頭飼育の現場から保護された子たちである。そして、福祉関係者の活動内容について（師弟関係による信頼に基づいて）様々なことを教えてくれた川邉智子さん、吉田光伸さんのお二人にも感謝している。現場の苦労を知る方々のご助言なしには、多頭飼育と福祉問題について語ることなどできなかった。今後のさらなるご活躍を祈念し、またご自愛のほどをお願い申し上げる。

そして、動物政策に関する出版についてタッグを組むのは三度目となる、ナカニシヤ出版の編集者である酒井敏行さん、表紙デザインを手がけて下さったＭＩＴの吉野由起子さんには、いつも私のわがままに応えていただき、本当に有り難く思っている。初校が送られてきた際に添えられていた「これは良い本になる」という酒井さんのメモは、出版に向けた最後の自信につながった。また、長崎県対馬で希少動物の保護のために活躍する吉野さんには、ただ愛らしく美しいだけではすまない、苦難を乗り越えて保護された犬や猫の姿を再現していただいた。難しいデザインに、心を込めて向き合って下さったことに感謝申し上げる。

相変わらず簡潔な謝辞を書けない上に、ここで個人的な記録を記す身勝手をお許しいただきたい。我が家では、三女猫ことらに続き、検討会が開催されていた二年間で五女猫くろすと次女猫とらが腎不全によって息を引き取った。他方、長女猫にゃーたはもうじき二一歳になり、四女猫ましろと六番猫ふくたも健在、さらに七番猫こさびが参入した。動物に関わる政策を、単に公共政策の研究者としてだけでなく、動物愛護派としてのアイデンティティを持って研究し続けていられるのは、愛猫たちのおかげである。

最後になったが、実家の父も含めてオンライン講座への感想を寄せてくださった多数の方々への感謝の気持ちと、そして多頭飼育問題に向き合う全国の関係者への敬意を込めて、本書を締めくくりたい。

二〇二二年二月　高齢の両親と義父母の健康に感謝して

成城大学法学部　打越綾子

打越綾子（成城大学法学部教授）
1971年　東京都生まれ
1994年　東京大学法学部卒業
2002年　東京大学大学院法学政治学研究科　博士号取得
成城大学法学部専任講師等を経て現職。
環境省中央環境審議会動物愛護部会臨時委員、長野県環境審議会委員、
東京動物園協会評議員、日本動物愛護協会評議員等。
主著として『日本の動物政策』、編著に『人と動物の関係を考える』
（いずれもナカニシヤ出版）、等。環境省の「社会福祉施策と連携した
多頭飼育対策に関する検討会」の座長をつとめた。

動物問題と社会福祉政策
多頭飼育問題を深く考える

2022年３月15日　　初版第１刷発行

著　者　打越綾子
発行者　中西　良
発行所　株式会社ナカニシヤ出版
〒606-8161　京都市左京区一乗寺木ノ本町15番地
TEL 075-723-0111　　FAX 075-723-0095
http://www.nakanishiya.co.jp/

カバーイラスト＝吉野由紀子
装幀＝白沢　正
印刷・製本＝亜細亜印刷

Printed in Japan.　ISBN978-4-7795-1638-2　C0030

日本の動物政策

打越綾子

愛玩動物から野生動物、動物園動物、実験動物、畜産動物まで、日本の動物政策、動物行政の現状および今後の展望をトータルに解説する決定版。動物好きの人、動物関係の仕事についている人必携の一冊。

三五〇〇円＋税

人と動物の関係を考える

仕切られた動物観を超えて

打越綾子 編

動物実験における倫理的配慮、畜産動物のウェルフェアを高める努力、自治体・動物愛護センターにおける愛玩動物の保護、野生動物をめぐる法的な課題、動物園における実践等、それぞれの現場からの報告と対話。

二〇〇〇円＋税

災害対応ガバナンス

被災者支援の混乱を止める

菅野　拓

日本の災害対応が混乱するのはなぜか。その原因を構造的に明らかにし、より良い災害対応ガバナンス構築のために、災害対応のマルチセクター化、社会保障のフェーズフリー化、そして災害救助法の改正を提言する。

二〇〇〇円＋税

地元を生きる

沖縄的共同性の社会学

岸政彦・打越正行・上原健太郎・上間陽子

沖縄にとって「地元」とは何か。階層格差という現実のなかで生きられる沖縄的共同性——。膨大なフィールドワークから浮かび上がる、教員、公務員、飲食業、建築労働者、風俗嬢……、さまざまな人びとの「沖縄の人生」。

三二〇〇円＋税